Immanuel Kant

Prolegomena zu einer jeden künftigen Metaphysik

die als Wissenschaft wird auftreten können

Immanuel Kant

Prolegomena zu einer jeden künftigen Metaphysik
die als Wissenschaft wird auftreten können

ISBN/EAN: 9783744703376

Hergestellt in Europa, USA, Kanada, Australien, Japan

Cover: Foto ©ninafisch / pixelio.de

Weitere Bücher finden Sie auf **www.hansebooks.com**

Prolegomena

zu
einer jeden
künftigen Metaphysik
die
als Wissenschaft
wird auftreten können,
von
Immanuel Kant.

Frankfurt und Leipzig
1794.

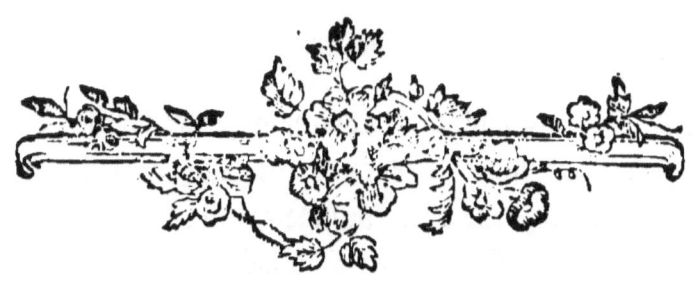

Diese Prolegomena sind nicht zum Gebrauch vor Lehrlinge, sondern vor künftige Lehrer, und sollen auch diesen nicht etwa dienen, um den Vortrag einer schon vorhandnen Wissenschaft anzuordnen, sondern um diese Wissenschaft selbst allererst zu erfinden.

Es giebt Gelehrte, denen die Geschichte der Philosophie (der alten sowol, als neuen) selbst ihre Philosophie ist, vor diese sind gegenwärtige Prolegomena nicht geschrieben. Sie müssen warten, bis diejenigen, die aus den Quellen der Vernunft selbst zu schöpfen bemühet sind, ihre Sache werden ausgemacht haben, und alsdenn wird an ihnen die Reihe seyn, von dem Geschehenen der Welt Nachricht zu geben. Widrigenfalls kan nichts gesagt werden, was ihrer Meinung nach nicht schon sonst gesagt worden ist, in der That mag dieses auch als eine untrügliche Vorhersagung vor alles künftige gelten; denn, da der menschliche Verstand über unzählige Gegenstände viele Jahrhunderte hindurch auf mancherley Weise geschwärmt hat, so kan es nicht leicht fehlen, daß nicht zu jedem Neuen etwas Altes gefunden werden sollte, was damit einige Aehnlichkeit hätte.

Meine Absicht ist, alle diejenigen, so es werth finden, sich mit Metaphysik zu beschäftigen, zu überzeugen: daß es unumgänglich nothwendig sey, ihre Arbeit vor der Hand auszusetzen, alles bisher geschehene als ungeschehen anzusehen, und vor allen Dingen zuerst die Frage aufzuwerfen: „ob auch so etwas, als Metaphysik, überall nur möglich sey."

Ist sie Wissenschaft, wie kommt es, daß sie sich nicht, wie andre Wissenschaften, in allgemeinen und daurenden Beyfall setzen kan? Ist sie keine, wie geht es zu, daß sie doch unter dem Scheine einer Wissenschaft unaufhörlich groß thut, und den menschlichen Verstand mit niemals erlöschenden, aber nie erfüllten Hoffnungen hinhält? Man mag also entweder sein Wissen oder Nichtwissen demonstriren, so muß doch einmal über die Natur dieser angemaßten Wissenschaft etwas sicheres ausgemacht werden; denn auf dem-

demselben Fuße kan es mit ihr unmöglich länger bleiben. Es scheint beynahe belachenswerth, indessen daß jede andre Wissenschaft unaufhörlich fortrückt, sich in dieser, die doch die Weisheit selbst seyn will, deren Orakel jeder Mensch befrägt, beständig auf derselben Stelle herumzudrehen, ohne einen Schritt weiter zu kommen. Auch haben sich ihre Anhänger gar sehr verloren, und man siehet nicht, daß diejenigen, die sich stark genug fühlen, in andern Wissenschaften zu glänzen, ihren Ruhm in dieser wagen wollen, wo jedermann, der sonst in allen übrigen Dingen unwissend ist, sich ein entscheidendes Urtheil anmaßt, weil in diesem Lande in der That noch kein sicheres Maaß und Gewicht vorhanden ist, um Gründlichkeit von seichtem Geschwätze zu unterscheiden.

Es ist aber eben nicht so was unerhörtes, daß, nach langer Bearbeitung einer Wissenschaft, wenn man Wunder denkt, wie weit man schon darin gekommen sey, endlich sich jemand die Frage einfallen läßt: ob und wie überhaupt eine solche Wissenschaft möglich sey. Denn die menschliche Vernunft ist so baulustig, daß sie mehrmalen schon den Thurm aufgeführt, hernach aber wieder abgetragen hat, um zu sehen, wie das Fundament desselben wohl beschaffen seyn möchte. Es ist niemals zu spät, vernünftig und wei-

weise zu werden; es ist aber jederzeit schwerer, wenn die Einsicht spät kommt, sie in Gang zu bringen.

Zu fragen: ob eine Wissenschaft auch wohl möglich sey, setzt voraus, daß man an der Wirklichkeit derselben zweifle. Ein solcher Zweifel aber beleidigt jedermann, dessen ganze Habseligkeit vielleicht in diesem vermeinten Kleinode bestehen möchte; und daher mag sich der, so sich diesen Zweifel entfallen läßt, nur immer auf Widerstand von allen Seiten gefaßt machen. Einige werden in stolzem Bewußtseyn ihres alten, und eben daher vor rechtmäßig gehaltenen Besitzes, mit ihren metaphysischen Compendien in der Hand, auf ihn mit Verachtung herabsehen: andere die nirgend etwas sehen, als was mit dem einerley ist, was sie schon sonst irgendwo gesehen haben, werden ihn nicht verstehen, und alles wird einige Zeit hindurch so bleiben, als ob gar nichts vorgefallen wäre, was eine nahe Veränderung besorgen oder hoffen liesse.

Gleichwol getraue ich mir vorauszusagen, daß der selbstdenkende Leser dieser Prolegomenen nicht blos an seiner bisherigen Wissenschaft zweifeln, sondern in der Folge gänzlich überzeugt seyn werde, daß es dergleichen gar nicht geben könne, ohne daß die hier geäusserte Forderungen geleistet werden, auf welchen

ih-

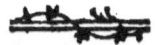

ihre Möglichkeit beruht, und, da dieses noch niemals geschehen, daß es überall noch keine Metaphysik gebe. Da sich indessen die Nachfrage nach ihr doch auch niemals verlieren kan *), weil das Interesse der allgemeinen Menschenvernunft mit ihr gar zu innigst verflochten ist, so wird er gestehen, daß eine völlige Reform, oder vielmehr eine neue Geburt derselben, nach einem bisher, ganz unbekanten Plane, unausbleiblich bevorstehe, man mag sich nun eine Zeitlang dagegen sträuben, wie man wolle.

Seit Loks und Leibnitzens Versuchen, oder vielmehr seit dem Entstehen der Metaphysik, so weit die Geschichte derselben reicht, hat sich keine Begebenheit zugetragen, die in Ansehung des Schicksals dieser Wissenschaft hätte entscheidender werden können, als der Angrif, den David Hume auf dieselbe machte. Er brachte kein Licht in diese Art von Erkentniß, aber er schlug doch einen Funken, bey welchem man wohl ein Licht hätte anzünden können, wenn er einen empfänglichen Zunder getroffen hätte, dessen Glimmen sorgfältig wäre unterhalten und vergrössert worden.

A 4   Hu-

---

*) Rusticus exspectat, dum defluat amnis: at ille
 Labitur et labetur in omne volubilis aeuum.
                                    Horat.

Hume ging hauptsächlich von einem einzigen, aber wichtigen Begriff: der Methaphysik, nämlich dem der Verknüpfung der Ursach- und Wirkung, (mithin auch dessen Folgebegriffe der Kraft und Handlung ꝛc.) aus, und forderte die Vernunft, die da vorgiebt, ihn in ihrem Schooße erzeugt zu haben, auf, ihm Rede und Antwort zu geben, mit welchem Rechte sie sich denkt: daß etwas so beschaffen seyn könne, daß, wenn es gesetzt ist, dadurch auch etwas anderes nothwendig gesetzt werden müsse; denn das sagt der Begrif der Ursache. Er bewies unwidersprechlich: daß es der Vernunft gänzlich unmöglich sey, a priori, und aus Begriffen eine solche Verbindung zu denken, denn diese enthält Nothwendigkeit; es ist aber gar nicht abzusehen, wie darum, weil Etwas ist, etwas anderes nothwendiger Weise auch seyn müsse, und wie sich also der Begrif von einer solchen Verknüpfung a priori einführen lasse. Hieraus schloß er, daß die Vernunft sich mit diesem Begriffe ganz und gar betriege, daß sie ihn fälschlich vor ihr eigen Kind halte, da er doch nichts anders als ein Bastard der Einbildungskraft sey, die, durch Erfahrung beschwängert, gewisse Vorstellungen unter das Gesetz der Association gebracht hat, und eine daraus entspringende subjective Nothwendigkeit d. i. Gewohnheit, vor eine objective

aus

aus Einsicht, unterschiebt. Hieraus schloß er: die Vernunft habe gar kein Vermögen, solche Verknüpfungen, auch selbst nur im Allgemeinen, zu denken, weil ihre Begriffe alsdenn bloße Erdichtungen seyn würden, und alle ihre vorgeblich a priori bestehende Erkenntnisse wären nichts als falsch gestempelte gemeine Erfahrungen, welches eben so viel sagt, als es gebe überall keine Methaphysik und könne auch keine geben. *)

So übereilt und unrichtig auch seine Folgerung war, so war sie doch wenigstens auf Untersuchung gegründet, und diese Untersuchung war es wohl werth, daß sich die guten Köpfe seiner Zeit vereinigt hätten,

*) Gleichwol nannte Hume eben diese zerstörende Philosophie selbst Metaphysik, und legte ihr einen hohen Werth bey. „Methaphysik und Moral, sagt er, (Versuche 4ter Theil, Seite 214, deutsche Ueberf.) sind die wichtigsten Zweige der Wissenschaft; Mathematik und Naturwissenschaft sind nicht halb so viel werth.„ Der scharfsinnige Mann sahe aber hier blos auf den negativen Nutzen, den die Mäßigung der übertriebenen Ansprüche der speculativen Vernunft haben würde, um so viel endlose und verfolgende Streitigkeiten, die das Menschengeschlecht verwirren, gänzlich aufzuheben; aber er verlor darüber den positiven Schaden aus den Augen, der daraus entspringt, wenn der Vernunft die wichtigsten Aussichten genommen werden, nach denen allein sie dem Willen das höchste Ziel aller seiner Bestrebungen ausstecken kan.

die Aufgabe, in dem Sinne, wie er sie vortrug, wo möglich, glücklicher aufzulösen, woraus denn bald eine gänzliche Reform der Wissenschaft hätte entspringen müssen.

Allein das der Metaphysik von je her ungünstige Schicksal wollte, daß er von keinem verstanden würde. Man kan es, ohne eine gewisse Pein zu empfinden, nicht ansehen, wie so ganz und gar seine Gegner Reid, Oswald, Beattie, und zuletzt noch Priestley, den Punct seiner Aufgabe verfehlten, und indem sie immer das als zugestanden annahmen, was er eben bezweifelte, dagegen aber mit Heftigkeit und mehrentheils mit grosser Unbescheidenheit dasjenige bewiesen, was ihm niemals zu bezweifeln in den Sinn gekommen war, seinen Wink zur Verbesserung so verkannten, daß alles in dem alten Zustande blieb, als ob nichts geschehen wäre. Es war nicht die Frage, ob der Begrif der Ursache richtig, brauchbar, und in Ansehung der ganzen Naturerkenntniß unentbehrlich sey, denn dieses hatte Hume niemals in Zweifel gezogen; sondern ob er durch die Vernunft a priori gedacht werde, und, auf solche Weise, eine von aller Erfahrung unabhängige innre Wahrheit, und daher auch wohl weiter ausgedehnte Brauchbarkeit habe, die nicht blos auf Gegenstände der Erfahrung ein=

eingeschränkt sey: hierüber erwartete Hume Eröffnung. Es war ja nur die Rede von dem Ursprunge dieses Begrifs, nicht von der Unentbehrlichkeit desselben im Gebrauche: wäre jenes nur ausgemittelt, so würde es sich wegen der Bedingungen seines Gebrauches und des Umfangs, in welchem er gültig seyn kan, schon von selbst gegeben haben.

Die Gegner des berühmten Mannes hätten aber, um der Aufgabe ein Gnüge zu thun, sehr tief in die Natur der Vernunft, so fern sie blos mit reinem Denken beschäftigt ist, hineindringen müssen, welches ihnen ungelegen war. Sie erfanden daher ein bequemeres Mittel, ohne alle Einsicht trotzig zu thun, nämlich, die Berufung auf den gemeinen Menschenverstand. In der That ists eine grosse Gabe des Himmels, einen geraden (oder, wie man es neuerlich benannt hat, schlichten) Menschenverstand zu besitzen. Aber man muß ihn durch Thaten beweisen, durch das Ueberlegte und Vernünftige, was man denkt und sagt, nicht aber dadurch, daß, wenn man nichts Kluges zu seiner Rechtfertigung vorzubringen weiß, man sich auf ihn, als ein Orakel beruft. Wenn Einsicht und Wissenschaft auf die Neige gehen, alsdenn und nicht eher, sich auf den gemeinen Menschenverstand zu berufen, das ist eine von den

sub-

subtilen Erfindungen neuerer Zeiten, dabey es der schaalste Schwätzer mit dem gründlichsten Kopfe getrost aufnehmen, und es mit ihm aushalten kan. So lange aber noch ein kleiner Rest von Einsicht da ist, wird man sich wohl hüten, diese Nothhülfe zu ergreiffen. Und, beym Lichte besehen, ist diese Appellation nichts anders, als eine Berufung auf das Urtheil der Menge; ein Zuklatschen, über das der Philosoph erröthet, der populaire Witzling aber triumphirt und trotzig thut. Ich sollte aber doch denken, Hume habe auf einen gesunden Verstand eben so wohl Anspruch machen können, als Beattie, und noch überdem auf das, was dieser gewiß nicht besaß, nämlich, eine critische Vernunft, die den gemeinen Verstand in Schranken hält, damit er sich nicht in Speculationen versteige, oder, wenn blos von diesen die Rede ist, nichts zu entscheiden begehre, weil er sich über seine Grundsätze nicht zu rechtfertigen versteht; denn nur so allein wird er ein gesunder Verstand bleiben. Meissel und Schlägel können ganz wohl dazu dienen, ein Stück Zimmerholz zu bearbeiten, aber zum Kupferstechen muß man die Radiernadel brauchen. So sind gesunder Verstand sowol, als speculativer, beyde, aber jeder in seiner Art brauchbar: jener, wenn es auf Urtheile ankommt, die in

der

der Erfahrung ihre unmittelbare Anwendung finden, dieser aber, wo im Allgemeinen, aus blossen Begriffen geurtheilt werden soll, z. B. in der Metaphysik, wo der sich selbst, aber oft per antiphrasin, so nennende gesunde Verstand ganz und gar kein Urtheil hat.

Ich gestehe frey: die Erinnerung des David Hume war eben dasjenige, was mir vor vielen Jahren zuerst den dogmatischen Schlummer unterbrach, und meinen Untersuchungen im Felde der speculativen Philosophie eine ganz andre Richtung gab. Ich war weit entfernt, ihm in Ansehung seiner Folgerungen Gehör zu geben, die blos daher rührten, weil er sich seine Aufgabe nicht im Ganzen vorstellete, sondern nur auf einen Theil derselben fiel, der, ohne das Ganze in Betracht zu ziehen, keine Auskunft geben kan. Wenn man von einem gegründeten, obzwar nicht ausgeführten Gedanken anfängt, den uns ein anderer hinterlassen, so kan man wohl hoffen, es bey fortgesetztem Nachdenken weiter zu bringen, als der scharfsinnige Mann kan, dem man den ersten Funken dieses Lichts zu verdanken hatte.

Ich versuchte also zuerst, ob sich nicht Hume's Einwurf allgemein vorstellen liesse, und fand bald: daß der Begrif der Verknüpfung von Ursache und

Wir-

Wirkung bey weitem nicht der einzige sey, durch den der Verstand a priori sich Verknüpfungen der Dinge denkt, vielmehr, daß Metaphysik ganz und gar daraus bestehe. Ich suchte mich ihrer Zahl zu versichern, und, da dieses mir nach Wunsch, nämlich aus einem einzigen Princip, gelungen war, so ging ich an die Deduction dieser Begriffe, von denen ich nunmehr versichert war, daß sie nicht, wie Hume besorgt hatte, von der Erfahrung abgeleitet, sondern aus dem reinen Verstande entsprungen seyn. Diese Deduction, die meinem scharfsinnigen Vorgänger unmöglich schien, die niemand ausser ihm sich auch nur hatte einfallen lassen, obgleich jedermann sich der Begriffe getrost bediente, ohne zu fragen, worauf sich denn ihre objective Gültigkeit gründe, diese, sage ich, war das schwerste, das jemals zum Behuf der Metaphysik unternommen werden konte, und was noch das Schlimmste dabey ist, so konte mir Metaphysik, so viel davon nur irgendwo vorhanden ist, hiebey auch nicht die mindeste Hülfe leisten, weil jene Deduction zuerst die Möglichkeit einer Metaphysik ausmachen soll. Da es mir nun mit der Auflösung des Humischen Problems nicht blos in einem besondern Falle, sondern in Absicht auf das ganze Vermögen der reinen Vernunft gelungen war: so konte ich sichere, obgleich

gleich immer nur langsame Schritte thun, um endlich den ganzen Umfang der reinen Vernunft, in seinen Grenzen sowol, als seinem Inhalt, vollständig und nach allgemeinen Principien zu bestimmen, welches denn dasjenige war, was Metaphysik bedarf, um ihr System nach einem sicheren Plan aufzuführen.

Ich besorge aber, daß es der Ausführung des Humischen Problems in seiner möglich größten Erweiterung (nämlich der Critik der reinen Vernunft) eben so gehen dürfte, als es dem Problem selbst erging, da es zuerst vorgestellt wurde. Man wird sie unrichtig beurtheilen, weil man sie nicht versteht; man wird sie nicht verstehen, weil man das Buch zwar durchblättern, aber nicht durchzudenken Lust hat; und man wird diese Bemühung darauf nicht verwenden wollen, weil das Werk trocken, weil es dunkel, weil es allen gewohnten Begriffen widerstreitend und überdem weitläuftig ist. Nun gestehe ich, daß es mir unerwartet sey, von einem Philosophen Klagen wegen Mangel an Popularität, Unterhaltung und Gemächlichkeit zu hören, wenn es um die Existen einer gepriesenen und der Menschheit unentbehrlichen Erkentniß selbst zu thun ist, die nicht anders, als nach den strengsten Regeln einer schulgerechten Pünctlichkeit

keit ausgemacht werden kan, auf welche zwar mit der Zeit auch Popularität folgen, aber niemals den Anfang machen darf. Allein, was eine gewisse Dunkelheit betrift, die zum Theil von der Weitläuftigkeit des Plans herrühret, bey welcher man die Hauptpuncte, auf die es bey der Untersuchung ankommt, nicht wohl übersehen kan: so ist die Beschwerde deshalb gerecht, und dieser werde ich durch gegenwärtige Prolegomena abhelfen.

Jenes Werk, welches das reine Vernunftvermögen in seinem ganzen Umfange und Grenzen darstellt, bleibt dabey immer die Grundlage, worauf sich die Prolegomena nur als Vorübungen beziehen; denn jene Critik muß als Wissenschaft, syst:matisch, und bis zu ihren kleinsten Theilen vollständig darstehen, ehe noch daran zu denken ist, Metaphysik auftreten zu lassen, oder sich auch nur eine entfernte Hoffnung zu derselben zu machen.

Man ist es schon lange gewohnt, alte abgenutzte Erkentnisse dadurch neu aufgestutzt zu sehen, daß man sie aus ihren vormaligen Verbindungen herausnimmt, ihnen ein systematisches Kleid nach eigenem beliebigen Schnitte, aber unter neuen Titeln, anpaßt;

paßt; und nichts anders wird der größte Theil der Leser auch von jener Critik zum voraus erwarten. Allein diese Prolegomena werden ihn dahin bringen, einzusehen, daß es eine ganz neue Wissenschaft sey, von welcher niemand auch nur den Gedanken vorher gefaßt hatte, wovon selbst die blosse Idee unbekannt war, und wozu von allem bisher gegebenen nichts genutzt werden konte, als allein der Wink, den Humes Zweifel geben konten, der gleichfalls nichts von einer dergleichen möglichen förmlichen Wissenschaft ahndete, sondern sein Schiff, um es in Sicherheit zu bringen, auf den Strand (den Scepticism) setzte, da es denn liegen und verfaulen mag, statt dessen es bey mir darauf ankommt, ihm einen Piloten zu geben, der, nach sicheren Principien der Steuermannskunst, die aus der Kentniß des Globus gezogen sind, mit einer vollständigen Seecharte und einem Compas versehen, das Schiff sicher führen könne, wohin es ihm gut dünkt.

Zu einer neuen Wissenschaft, die gänzlich isolirt und die einzige ihrer Art ist, mit dem Vorurtheil gehen, als könne man sie vermittelst seiner schon sonst erworbenen vermeinten Kentnisse beurtheilen, obgleich die es eben sind, an deren Realität zuvor gänzlich ge-

B zwei-

zweifelt werden muß, bringt nichts anders zuwege, als daß man allenthalben das zu sehen glaubt, was einem schon sonst bekant war, weil etwa die Ausdrücke jenem ähnlich lauten, nur, daß einem alles äusserst verunstaltet, widersinnisch und kauderwelsch vorkommen muß, weil man nicht die Gedanken des Verfassers, sondern immer nur seine eigene, durch lange Gewohnheit zur Natur gewordene Denkungsart dabey zum Grunde legt. Aber die Weitläuftigkeit des Werks, so fern sie in der Wissenschaft selbst, und nicht dem Vortrage gegründet ist, die dabey unvermeidliche Trockenheit und scholastische Pünctlichkeit, sind Eigenschaften, die zwar der Sache selbst überaus vortheilhaft seyn mögen, dem Buche selbst aber allerdings nachtheilig werden müssen.

Es ist zwar nicht jedermann gegeben, so subtil und doch zugleich so anlockend zu schreiben, als David Hume, oder so gründlich, und dabey so elegant, als Moses Mendelssohn; allein Popularität hätte ich meinem Vortrage (wie ich mir schmeichele) wohl geben können, wenn es mir nur darum zu thun gewesen wäre, einen Plan zu entwerfen, und dessen Vollziehung andern anzupreisen, und mir nicht das Wohl der Wissenschaft, die mich so lange beschäftigt hielt,

hielt, am Herzen gelegen hätte; denn übrigens gehörte viel Beharrlichkeit und auch selbst nicht wenig Selbstverläugnung dazu, die Anlockung einer früheren günstigen Aufnahme der Aussicht auf einen zwar späten, aber dauerhaften Beyfall nachzusetzen.

Plane machen ist mehrmalen eine üppige, prahlerische Geistesbeschäftigung, dadurch man sich ein Ansehen von schöpferischem Genie giebt, indem man fodert, was man selbst nicht leisten, tadelt, was man doch nicht besser machen kan, und vorschlägt, wovon man selbst nicht weiß, wo es zu finden ist, wiewohl auch nur zum tüchtigen Plane einer allgemeinen Critik der Vernunft schon etwas mehr gehöret hätte, als man wohl vermuthen mag, wenn er nicht blos, wie gewöhnlich, eine Declamation frommer Wünsche hätte werden sollen. Allein reine Vernunft ist eine so abgesonderte, in ihr selbst so durchgängig verknüpfte Sphäre, daß man keinen Theil derselben antasten kan, ohne alle übrige zu berühren, und nichts ausrichten kan, ohne vorher jedem seine Stelle und seinen Einfluß auf den andern bestimmt zu haben, weil, da nichts außer derselben ist, was unser Urtheil innerhalb berichtigen könte, jedes Theiles Gültigkeit und Gebrauch von dem Verhältnisse abhängt, darin es gegen die übrige in der Vernunft selbst steht, und, wie bey dem Gliederbau eines organisirten Körpers, der Zweck jedes Gliedes nur aus dem vollständigen Begrif des Ganzen abgeleitet werden kan. Daher kan man von einer solchen Critik sagen: daß sie niemals zuverläßig sey, wenn sie nicht ganz, und bis auf die mindesten Elemente der reinen Vernunft vollendet ist, und daß man von der Sphäre dieses Vermögens entweder alles, oder nichts bestimmen und ausmachen müsse.

Ob aber gleich ein blosser Plan, der vor der Critik der reinen Vernunft vorhergehen möchte, unverständlich, unzuverläßig und unnütze seyn würde, so ist er dagegen um desto nützlicher, wenn er darauf folgt. Denn dadurch wird man in den Stand gesetzt, das Ganze zu übersehen, die Hauptpuncte, worauf es bey dieser Wissenschaft ankommt, stückweise zu prüfen, und manches dem Vortrage nach besser einzurichten, als es in der ersten Ausfertigung des Werks geschehen konte.

Hier ist nun ein solcher Plan, nach vollendetem Werke, der nunmehr nach analytischer Methode angelegt seyn darf, da das Werk selbst durchaus

aus nach synthetischer Lehrart abgefaßt seyn mußte, damit die Wissenschaft alle ihre Articulationen, als den Gliederbau eines ganz besondern Erkentnißvermögens, in seiner natürlichen Verbindung vor Augen stelle. Wer diesen Plan, den ich als Prolegomena vor aller künftigen Metaphysik voranschicke, selbst wiederum dunkel findet, der mag bedenken, daß es eben nicht nöthig sey, daß jedermann Metaphysik studire, daß es manches Talent gebe, welches in gründlichen und selbst tiefen Wissenschaften, die sich mehr der Anschauung nähern, ganz wohl fortkömmt, dem es aber mit Nachforschungen durch lauter abgezogene Begriffe, nicht gelingen will, und daß man seine Geistesgaben in solchem Fall auf einen andern Gegenstand verwenden müsse, daß aber derjenige, der Metaphysik zu beurtheilen, ja selbst eine abzufassen unternimmt, denen Forderungen, die hier gemacht werden, durchaus ein Gnüge thun müsse, es mag nun auf die Art geschehen, daß er meine Auflösung annimmt, oder sie auch gründlich widerlegt, und eine andere an deren Stelle setzt. — denn abweisen kan er sie nicht — und daß endlich die so beschriene Dunkelheit (eine gewohnte Bemäntelung seiner eigenen Gemächlichkeit oder Blödsichtigkeit) auch ihren Nutzen habe: da alle, die in Ansehung aller andern

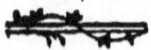

Wissenschaften ein behutsames Stillschweigen beobachten, in Fragen der Metaphysik meisterhaft sprechen, und dreust entscheiden, weil ihre Unwissenheit hier freylich nicht gegen anderer Wissenschaft deutlich absticht, wohl aber gegen ächte critische Grundsätze, von denen man also rühmen kann:

ignauum, fucos, pecus a praesepibus arcent.
Virg.

Prolegomena.

Vorerinnerung
von dem
Eigenthümlichen aller methaphysischen Erkentniß.

§. 1.

Von den Quellen der Metaphysik.

Wenn man eine Erkentniß als Wissenschaft darstellen will, so muß man zuvor das Unterscheidende, was sie mit keiner andern gemein hat, und was ihr also eigenthümlich ist, genau bestimmen können; widrigenfalls die Grenzen aller Wissenschaften in einander laufen, und keine derselben, ihrer Natur nach, gründlich abgehandelt werden kan.

Dieses Eigenthümliche mag nun in dem Unterschiede des Objects, oder der Erkentnißquellen, oder auch der Erkentnißart, oder einiger, wo nicht aller dieser Stücke zusammen, bestehen, so beruht darauf zuerst die Idee der möglichen Wissenschaft und ihres Territorium.

Zuerst, was die Quellen einer metaphysischen Erkentniß betrift, so liegt es schon in ihrem Begriffe, daß sie nicht empirisch seyn können. Die Principien derselben, (wozu nicht blos ihre Grundsätze, sondern auch Grundbegriffe gehören,) müssen also niemals aus der Erfahrung genommen seyn: denn sie soll nicht physische, sondern metaphysische, d. i. jenseit der Erfahrung liegende Erkentniß seyn. Also wird weder äussere Erfahrung, welche die Quelle der eigentlichen Physik, noch innere, welche die Grundlage der empirischen Psychologie ausmacht, bey ihr zum Grunde liegen. Sie ist also Erkentniß a priori, oder aus reinem Verstande und reiner Vernunft.

Hierin würde sie aber nichts Unterscheidendes von der reinen Mathematik haben; sie wird also reine philosophische Erkentniß heissen müssen; wegen der Bedeutung dieses Ausdrucks aber beziehe ich mich auf Critik d. r. V. Seite 712 u. f. wo der Unterschied dieser zwey Arten des Vernunftgebrauchs einleuchtend und gnugthuend ist dargestellt worden. — So viel von den Quellen der metaphysischen Erkentniß.

§. 2.

Von der Erkentnißart, die allein metaphysisch heissen kan.

a)

Von dem Unterschiede synthetischer und analytischer Urtheile überhaupt.

Metaphysische Erkentniß muß lauter Urtheile a priori enthalten, das erfordert das Eigenthümliche ihrer Quellen. Allein Urtheile mögen nun einen Ursprung haben,

ben, welchen sie wollen, oder auch ihrer logischen Form nach, beschaffen seyn wie sie wollen, so giebt es doch einen Unterschied derselben, dem Inhalte nach, vermöge dessen sie entweder blos erläuternd sind, und zum Inhalte der Erkentniß nichts hinzuthun, oder erweiternd, und die gegebene Erkentniß vergrössern; die erstern werden analytische, die zweyten synthetische Urtheile genannt werden können.

Analytische Urtheile sagen im Prädicate nichts, als das, was im Begriffe des Subjects schon wirklich, obgleich nicht so klar und mit gleichem Bewußtseyn gedacht war. Wenn ich sage: alle Körper sind ausgedehnt, so habe ich meinen Begrif vom Körper nicht im mindesten erweitert, sondern ihn nur aufgelöset, indem die Ausdehnung von jenem Begriffe schon vor dem Urtheile, obgleich nicht ausdrücklich gesagt, dennoch wirklich gedacht war; das Urtheil ist also analytisch. Dagegen enthält der Satz: einige Körper sind schwer, etwas im Prädicate, was in dem allgemeinen Begriffe vom Körper nicht wirklich gedacht wird, er vergrössert also meine Erkentniß, indem er zu meinem Begriffe etwas hinzuthut, und muß daher ein synthetisches Urtheil heissen.

b)
Das gemeinschaftliche Princip aller analytischen Urtheile ist der Satz des Widerspruchs.

Alle analytische Urtheile beruhen gänzlich auf dem Satze des Widerspruchs, und sind ihrer Natur nach Erkentniſſe a priori, die Begriffe, die ihnen zur Materie dienen, mögen empiriſch ſeyn, oder nicht. Denn, weil das Prädicat eines bejahenden analytiſchen Urtheils ſchon vorher im Begriffe des Subjects gedacht wird, ſo kan es von ihm ohne Widerſpruch nicht verneinet werden, eben ſo wird ſein Gegentheil, in einem analytiſchen, aber verneinenden Urtheile, nothwendig von dem Subject verneinet, und zwar auch zufolge dem Satze des Widerſpruchs. So iſt es mit denen Sätzen: Jeder Körper iſt ausgedehnt und kein Körper iſt ausgedehnt (einfach), beſchaffen.

Eben darum ſind auch alle analytiſche Sätze Urtheile a priori, wenn gleich ihre Begriffe empiriſch ſeyn, z. B. Gold iſt ein gelbes Metall; denn um dieſes zu wiſſen, brauche ich keiner weitern Erfahrung, auſſer meinem Begriffe vom Golde, der enthielte, daß dieſer Körper gelb und Metall ſey: denn dieſes machte eben meinen Begrif aus, und ich durfte nichts thun, als dieſen zergliedern, ohne mich auſſer demſelben wornach anders umzuſehen.

c)

Synthetiſche Urtheile bedürfen ein anderes Princip, als den Satz des Widerſpruchs.

Es giebt ſynthetiſche Urtheile a poſteriori, deren Urſprung empiriſch iſt; aber es giebt auch deren, die a priori gewiß ſeyn, und die aus reinem Verſtande und Vernunft entſpringen. Beyde kommen aber darin überein, daß ſie nach dem Grundſatze der Analyſis, nämlich, dem Satze des Widerſpruchs allein nimmermehr entſpringen können;

ſie

sie erfordern noch ein ganz anderes Princip, ob sie zwar aus jedem Grundsatze, welcher er auch sey, jederzeit dem Satze des Widerspruchs gemäß abgeleitet werden müssen; denn nichts darf diesem Grundsatze zuwider seyn, obgleich eben nicht alles daraus abgeleitet werden kan. Ich will die synthetischen Urtheile zuvor unter Classen bringen.

1) **Erfahrungsurtheile** sind jederzeit synthetisch. Denn es wäre ungereimt, ein analytisches Urtheil auf Erfahrung zu gründen, da ich doch aus meinem Begriffe gar nicht hinausgehen darf, um das Urtheil abzufassen, und also kein Zeugniß der Erfahrung dazu nöthig habe. Daß ein Körper ausgedehnt sey, ist ein Satz, der a priori feststeht, und kein Erfahrungsurtheil. Denn, ehe ich zur Erfahrung gehe, habe ich alle Bedingungen zu meinem Urtheile schon in dem Begriffe, aus welchem ich das Prädicat nach dem Satze des Widerspruchs nur herausziehen, und dadurch zugleich der Nothwendigkeit des Urtheils bewust werden kan, welche mir Erfahrung nicht einmal lehren würde.

2) **Mathematische Urtheile** sind insgesamt synthetisch. Dieser Satz scheint den Bemerkungen der Zergliederer der menschlichen Vernunft bisher ganz entgangen, ja allen ihren Vermuthungen gerade entgegengesetzt zu seyn, ob er gleich unwidersprechlich gewiß, und in der Folge sehr wichtig ist. Denn weil man fand, daß die Schlüsse der Mathematiker alle nach dem Satze des Widerspruches fort-

gehen, (welches die Natur einer jeden apodictischen Gewißheit erfordert,) so überredete man sich, daß auch die Grundsätze aus dem Satze des Widerspruchs erkant würden, worin sie sich sehr irreten; denn ein synthetischer Satz kan allerdings nach dem Satze des Widerspruchs eingesehen werden, aber nur so, daß ein anderer synthetischer Satz vorausgesetzt wird, aus dem er gefolgert werden kan, niemals aber an sich selbst.

Zuförderst muß bemerkt werden: daß eigentliche mathematische Sätze jederzeit Urtheile a priori und nicht empirisch seyn, weil sie Nothwendigkeit bey sich führen, welche aus Erfahrung nicht abgenommen werden kan. Will man mir aber dieses nicht einräumen, wohlan so schränke ich meinen Satz auf die reine Mathematik ein, deren Begrif es schon mit sich bringt, daß sie nicht empirische, sondern blos reine Erkentniß a priori enthalte.

Man sollte anfänglich wohl benken: daß der Satz $7+5=12$ ein blos analytischer Satz sey, der aus dem Begriffe einer Summe von Sieben und Fünf nach dem Satze des Widerspruches erfolge. Allein, wenn man es näher betrachtet, so findet man, daß der Begrif der Summe von 7 und 5 nichts weiter enthalte, als die Vereinigung beyder Zahlen in eine einzige, wodurch ganz und gar nicht gedacht wird, welches die einzige Zahl sey, die beyde zusammenfaßt. Der Begrif von zwölf ist keinesweges dadurch schon gedacht, daß ich mir blos jene Vereinigung von Sieben und Fünf denke, und, ich mag meinen
Be-

Begrif von einer solchen möglichen Summe noch so lange zergliedern, so werde ich doch darin die Zwölf nicht antreffen. Man muß über diese Begriffe hinausgehen, indem man die Anschauung zu Hülfe nimmt, die einem von beyden correspondirt, etwa seine fünf Finger,, oder (wie Segner in seiner Arithmetik) fünf Puncte, und so nach und nach die Einheiten der in der Anschauung gegebenen Fünf zu dem Begriffe der Sieben hinzuthut. Man erweitert also wirklich seinen Begrif durch diesen Satz $7 + 5 = 12$ und thut zu dem ersteren Begrif einen neuen hinzu, der in jenem gar nicht gedacht war, d. i. der arithmetische Satz ist jederzeit synthetisch, welches man desto deutlicher inne wird, wenn man etwas grössere Zahlen nimmt; da es denn klar einleuchtet, daß, wir möchten unsern Begrif drehen und wenden, wie wir wollen, wir, ohne die Anschauung zu Hülfe zu nehmen, vermittelst der blossen Zergliederung unserer Begriffe die Summe niemals finden könten.

Eben so wenig ist irgend ein Grundsatz der reinen Geometrie analytisch. Daß die gerade Linie zwischen zweyen Puncten die kürzeste sey, ist ein synthetischer Satz. Denn mein Begrif vom Geraden enthält nichts von Grösse, sondern nur eine Qualität. Der Begrif des Kürzesten kommt also gänzlich hinzu, und kan durch keine Zergliederung aus dem Begriffe der geraden Linie gezogen werden. Anschauung muß also hier zu Hülfe genommen werden, vermittelst deren allein die Synthesis möglich ist.

El

Einige andere Grundsätze, welche die Geometer voraussetzen, sind zwar wirklich analytisch und beruhen auf dem Satze des Widerspruchs, sie dienen aber nur, wie identische Sätze, zur Kette der Methode und nicht aus Principien, z. B. a = a, das Ganze ist sich selber gleich, oder (a + b) > a b i. das Ganze ist grösser als sein Theil. Und doch auch diese selbst, ob sie gleich nach blossen Begriffen gelten, werden in der Mathematik nur darum zugelassen, weil sie in der Anschauung können dargestellet werden. Was uns hier gemeiniglich glauben macht, als läge das Prädicat solcher apodictischen Urtheile schon in unserm Begriffe, und das Urtheil sey also analytisch, ist blos die Zweydeutigkeit des Ausdrucks. Wir sollen nämlich zu einem gegebenen Begriffe ein gewisses Prädicat hinzudenken, und diese Nothwendigkeit haftet schon an den Begriffen. Aber die Frage ist nicht, was wir zu dem gegebenen Begriffe hinzu denken sollen, sondern was wir wirklich in ihnen, obzwar nur dunkel, denken, und da zeigt sich, daß das Prädicat jenen Begriffen zwar nothwendig, aber nicht unmittelbar, sondern vermittelst einer Anschauung, die hinzukommen muß, anhänge.

§. 3.

Anmerkung
zur allgemeinen Eintheilung der Urtheile in analytische und synthetische.

Diese Eintheilung ist in Ansehung der Critik des menschlichen Verstandes unentbehrlich, und verdient daher

in

in ihr claſſiſch zu ſeyn; ſonſt müßte ich nicht, daß ſie irgend anderwerts einen beträchtlichen Nutzen hätte. Und hierin finde ich auch die Urſache, weswegen dogmatiſche Philoſophen, die die Quellen metaphyſiſcher Urtheile immer nur in der Metaphyſik ſelbſt, nicht aber auſſer ihr, in den reinen Vernunftgeſetzen überhaupt, ſuchten, dieſe Eintheilung, die ſich von ſelbſt darzubieten ſcheint, vernachläſſigten, und wie der berühmte Wolf, oder der ſeinen Fußſtapfen folgende ſcharfſinnige Baumgarten den Beweis von dem Satze des zureichenden Grundes, der offenbar ſynthetiſch iſt, im Satze des Widerſpruchs ſuchen konten. Dagegen treffe ich ſchon in Lock's Verſuchen über den menſchlichen Verſtand einen Wink zu dieſer Eintheilung an. Denn im vierten Buch, dem dritten Hauptſtück §. 9 u. f. nachdem er ſchon vorher von der verſchiedenen Verknüpfung der Vorſtellungen in Urtheilen und deren Quellen geredet hatte, wovon er die eine in der Identität oder Widerſpruch ſetzt (analytiſche Urtheile), die andere aber in der Exiſtenz der Vorſtellungen in einem Subject (ſynthetiſche Urtheile), ſo geſteht er §. 10, daß unſere Erkentniß (a priori) von der letztern ſehr enge und beynahe gar nichts ſey. Allein es herrſcht in dem, was er von dieſer Art der Erkentniß ſagt, ſo wenig beſtimmtes und auf Regeln gebrachtes, daß man ſich nicht wundern darf, wenn niemand, ſonderlich nicht einmal Hume, Anlaß daher genommen hat, über Sätze dieſer Art Betrachtungen anzuſtellen. Denn dergleichen allgemeine und dennoch beſtimmte Principien

lernt

lernt man nicht leicht von andern, denen sie nur dunkel obgeschwebt haben. Man muß durch eigenes Nachdenken zuvor selbst darauf gekommen seyn, hernach findet man sie auch anderwerts, wo man sie gewiß nicht zuerst würde angetroffen haben, weil die Verfasser selbst nicht einmal wußten, daß ihren eigenen Bemerkungen eine solche Idee zum Grunde liege. Die, so niemals selbst denken, besitzen dennoch die Scharfsichtigkeit, alles, nachdem es ihnen gezeigt worden, in demjenigen, was sonst schon gesagt worden, aufzuspähen, wo es doch vorher niemand sehen konte.

Der

Prolegomenen
Allgemeine Frage,
Ist überall Metaphysik möglich?

§. 4.

Wäre Metaphysik, die sich als Wissenschaft behaupten könte, wirklich; könte man sagen: hier ist Metaphysik, die dürft ihr nur lernen, und sie wird euch unwiderstehlich und unveränderlich von ihrer Wahrheit überzeugen; so wäre diese Frage unnöthig, und es bliebe nur diejenige übrig, die mehr eine Prüfung unserer Scharfsinnigkeit, als den Beweis von der Existenz der Sache selbst beträfe, nämlich, wie sie möglich sey, und wie Vernunft es anfange, dazu zu gelangen. Nun ist es

der

der menschlichen Vernunft in diesem Falle so gut nicht geworden. Man kan kein einziges Buch aufzeigen, so wie man etwa einen Euclid vorzeigt, und sagen, das ist Metaphysik, hier findet ihr den vornehmsten Zweck, dieser Wissenschaft, das Erkentniß eines höchsten Wesens, und einer künftigen Welt, bewiesen aus Principien der reinen Vernunft. Denn man kan uns zwar viele Sätze aufzeigen, die apodictisch gewiß sind, und niemals bestritten worden: aber diese sind insgesamt analytisch, und betreffen mehr die Materialien und den Bauzeug zur Metaphysik, als die Erweiterung der Erkentniß, die doch unsere eigentliche Absicht mit ihr seyn soll. (§. 2. litt. c.) Ob ihr aber gleich auch synthetische Sätze (z. B. den Satz des zureichenden Grundes) vorzeigt, die ihr niemals aus bloßer Vernunft, mithin, wie doch eure Pflicht war, a priori bewiesen habt, die man euch aber doch gerne einräumet: so gerathet ihr doch, wenn ihr euch derselben zu eurem Hauptzwecke bedienen wollt, in so unstatthafte und unsichere Behauptungen, daß zu aller Zeit eine Metaphysik der anderen entweder in Ansehung der Behauptungen selbst oder ihrer Beweise widersprochen, und dadurch ihren Anspruch auf daurenden Beyfall selbst vernichtet hat. So gar sind die Versuche, eine solche Wissenschaft zu Stande zu bringen, ohne Zweifel die erste Ursache des so früh entstandenen Scepticismus gewesen, einer Denkungsart, darin die Vernunft so gewaltthätig gegen sich selbst verfährt, daß diese niemals, als in völliger Verzweiflung an Befriedigung in Ansehung ihrer wichtigsten Absichten hätte entstehen können. Denn lange vorher, ehe man die Natur

C methodi-

methodisch zu befragen anfing, befrug man blos seine abgesonderte Vernunft, die durch gemeine Erfahrung in gewisser Maaße schon geübt war; weil Vernunft uns doch immer gegenwärtig ist, Naturgesetze aber gemeiniglich mühsam aufgesucht werden müssen: und so schwamm Metaphysik oben auf, wie Schaum; doch so, daß, so wie der, den man geschöpft hatte, zerging, sich sogleich ein anderer auf der Oberfläche zeigte, den immer einige begierig aufsammleten, wobey andere, anstatt in der Tiefe die Ursache dieser Erscheinung zu suchen, sich damit weise dünkten, daß sie die vergebliche Mühe der erstern belachten.

Das Wesentliche und Unterscheidende der reinen mathematischen Erkentniß von aller andern Erkentniß a priori ist, daß sie durchaus nicht aus Begriffen, sondern jederzeit nur durch die Construction der Begriffe (Critik S. 713.) vor sich gehen muß. Da sie also in ihren Sätzen über den Begrif zu demjenigen, was die ihm correspondirende Anschauung enthält, hinausgehen muß: so können und sollen ihre Sätze auch niemals durch Zergliederung der Begriffe, d. i. analytisch, entspringen, und sind daher insgesamt synthetisch.

Ich kan aber nicht umhin, den Nachtheil zu bemerken, den die Vernachläßigung dieser sonst leichten und unbedeutend scheinenden Beobachtung der Philosophie zugezogen hat. Hume, als er den eines Philosophen

hen würdigen Beruf fühlete, seine Blicke auf das ganze Feld der reinen Erkentniß a priori zu werfen, in welchem sich der menschliche Verstand so grosse Besitzungen anmaßt, schnitte unbedachtsamer Weise eine ganze und zwar die erheblichste Provinz derselben, nämlich reine Mathematik, davon ab, in der Einbildung, ihre Natur, und so zu reden ihre Staatsverfassung, beruhe auf ganz andern Principien, nämlich, lediglich auf dem Satze des Widerspruchs, und ob er zwar die Eintheilung der Sätze nicht so förmlich und allgemein, oder unter der Benennung gemacht hatte, als es von mir hier geschieht, so war es doch gerade so viel, als ob er gesagt hätte: reine Mathematik enthält blos analytische Sätze, Metaphysik aber synthetische a priori. Nun irrete er hierin gar sehr, und dieser Irthum hatte auf seinen ganzen Begrif entscheidend nachtheilige Folgen. Denn wäre das von ihm nicht geschehen, so hätte er seine Frage, wegen des Ursprungs unserer synthetischen Urtheile, weit über seinen metaphysischen Begrif der Causalität erweitert, und sie auch auf die Möglichkeit der Mathematik a priori ausgedehnt; denn diese mußte er eben sowol vor synthetisch annehmen. Alsdenn aber hätte er seine metaphysische Sätze keinesweges auf blosse Erfahrung gründen können, weil er sonst die Axiomen der reinen Mathematik ebenfalls der Erfahrung unterworfen haben würde, welches zu thun er viel zu ansehend war. Die gute Gesellschaft, worin Metaphysik alsdenn zu stehen gekommen wäre, hätte sie wider die Gefahr einer schnöden

C 2 Mis-

Mishandlung gesichert, den die Streiche, welche der letztern zugedacht waren, hätten die erstere auch treffen müssen, welches aber seine Meinung nicht war, auch nicht seyn konnte: und so wäre der scharfsinnige Mann in Betrachtungen gezogen worden, die denjenigen hätten ähnlich werden müssen, womit wir uns jetzt beschäftigen, die aber durch seinen unnachahmlich schönen Vortrag unendlich würde gewonnen haben.

Eigentlich metaphysische Urtheile sind insgesamt synthetisch. Man muß zur Metaphysik gehörige von eigentlich metaphysischen Urtheilen unterscheiden. Unter jenen sind sehr viele analytisch, aber sie machen nur die Mittel zu metaphysischen Urtheilen aus, auf die der Zweck der Wissenschaft ganz und gar gerichtet ist, und die allemal synthetisch seyn. Denn wenn Begriffe zur Metaphysik gehören, z. B. der von Substanz, so gehören die Urtheile, die aus der blossen Zergliederung derselben entspringen, auch nothwendig zur Metaphysik, z. B. Substanz ist dasjenige, was nur als Subject existirt ꝛc. und vermittelst mehrerer dergleichen analytischen Urtheile suchen wir der Definition der Begriffe nahe zu kommen. Da aber die Analysis eines reinen Verstandesbegrifs (dergleichen die Metaphysik enthält) nicht auf andere Art vor sich geht, als die Zergliederung jedes andern auch empirischen Begrifs, der nicht in die Metaphysik gehört (z. B. Luft ist eine elastische Flüssigkeit, deren Elasticität durch keinen bekanten Grad der Kälte aufgehoben wird, so

ist

ist zwar der Begrif, aber nicht das analytische Urtheil eigenthümlich metaphysisch: denn diese Wissenschaft hat etwas besonderes und ihr eigenthümliches in der Erzeugung ihrer Erkentnisse a priori; die also von dem, was sie mit allen andern Verstandeserkentnissen gemein hat, muß unterschieden werden; so ist z. B. der Satz: alles, was in den Dingen Substanz ist, ist beharrlich, ein synthetischer und eigenthümlich metaphysischer Satz.

Wenn man die Begriffe a priori, welche die Materie der Metaphysik und ihr Bauzeug ausmachen, zuvor nach gewissen Principien gesammlet hat, so ist die Zergliederung dieser Begriffe von grossem Werthe; auch kan dieselbe als ein besonderer Theil (gleichsam als philosophia definitiua), der lauter analytische zur Metaphysik gehörige Sätze enthält, von allen synthetischen Sätzen, die die Metaphysik selbst ausmachen, abgesondert vorgetragen werden. Denn in der That haben jene Zergliederungen nirgend anders einen beträchtlichen Nutzen, als in der Metaphysik, d. i. in Absicht auf die synthetischen Sätze, die aus jenen zuerst zergliederten Begriffen sollen erzeugt werden.

Der Schluß dieses Paragraphs ist also: daß Metaphysik es eigentlich mit synthetischen Sätzen a priori zu thun habe, und diese allein ihren Zweck ausmachen, zu welchem sie zwar allerdings mancher Zergliederungen ihrer Begriffe, mithin analytischer Urtheile bedarf, wobey aber das Verfahren nicht anders ist, als in jeder andern

Erkentnißart, wo man seine Begriffe durch Zergliederung blos deutlich zu machen sucht. Allein die Erzeugung der Erkentniß a priori sowol der Anschauung als Begriffen nach, endlich auch synthetischer Sätze a priori, und zwar im philosophischen Erkentnisse, machen den wesentlichen Inhalt der Metaphysik aus.

Ueberdrüssig also des Dogmatismus, der uns nichts lehrt und zugleich des Scepticismus, der uns gar überall nichts verspricht, auch nicht einmal den Ruhestand einer erlaubten Unwissenheit, aufgefordert durch die Wichtigkeit der Erkentniß, deren wir bedürfen, und mistrauisch durch lange Erfahrung in Ansehung jeder, die wir zu besitzen glauben, oder die sich uns unter dem Titel der reinen Vernunft anbietet, bleibt uns nur noch eine critische Frage übrig, nach deren Beantwortung wir unser künftiges Betragen einrichten können: Ist überall Metaphysik möglich? Aber diese Frage muß nicht durch sceptische Einwürfe gegen gewisse Behauptungen einer wirklichen Metaphysik (denn wir lassen jetzt noch keine gelten) sondern aus dem nur noch problematischen Begriffe einer solchen Wissenschaft beantwortet werden.

In der Critik der reinen Vernunft bin ich in Absicht auf diese Frage synthetisch zu Werke gegangen, nämlich so, daß ich in der reinen Vernunft selbst forschte, und in dieser Quelle selbst die Elemente sowol, als auch die Gesetze ihres reinen Gebrauchs nach Principien zu bestimmen suchte. Diese Arbeit ist schwer, und erfordert einen ent-

entschlossenen Leser, sich nach und nach in ein System hinein zu denken, was noch nichts als gegeben zum Grunde legt, ausser die Vernunft selbst, und also, ohne sich auf irgend ein Factum zu stützen, die Erkentniß aus ihren urspünglichen Keimen zu entwickeln sucht. Prolegomena sollen dagegen Vorübungen seyn; sie sollen mehr anzeigen, was man zu thun habe, um eine Wissenschaft, wo möglich, zur Wirklichkeit zu bringen, als sie selbst vortragen. Sie müssen sich also auf etwas stützen, was man schon als zuverlässig kent, von da man mit Zutrauen ausgehen, und zu den Quellen aufsteigen kan, die man noch nicht kent, und deren Entdeckung uns nicht allein das, was man wußte, erklären, sondern zugleich einen Umfang vieler Erkentnisse, die insgesamt aus den nämlichen Quellen entspringen, darstellen wird. Das methodische Verfahren der Prolegomenen, vornämlich derer, die zu einer künftigen Metaphysik vorbereiten sollen, wird also analytisch seyn.

Es trift sich aber glücklicher Weise, daß, ob wir gleich nicht annehmen können, daß Metaphysik als Wissenschaft wirklich sey, wir doch mit Zuversicht sagen können, daß gewisse reine synthetische Erkentniß a priori wirklich und gegeben seyn, nämlich reine Mathematik und reine Naturwissenschaft; denn beyde enthalten Sätze, die theils apodictisch gewiß durch blosse Vernunft, theils durch die allgemeine Einstimmung aus der Erfahrung, und dennoch als von Erfahrung unabhängig durchgängig anerkant werden. Wir haben also einige, wenig-

stens

stens unbestrittene, synthetische Erkentniß a priori, und dürfen nicht fragen, ob sie möglich sey, (denn sie ist wirklich) sondern nur wie sie möglich sey, um aus dem Princip der Möglichkeit der gegebenen auch die Möglichkeit aller übrigen ableiten zu können.

Prolegomena.
Allgemeine Frage,
Wie ist Erkentniß aus reiner Vernunft möglich?

§. 5.

Wir haben oben den mächtigen Unterschied der analytischen und synthetischen Urtheile gesehen. Die Möglichkeit analytischer Sätze konte sehr leicht begriffen werden; denn sie gründet sich lediglich auf dem Satze des Widerspruchs. Die Möglichkeit synthetischer Sätze a posteriori, d. i. solcher, welche aus der Erfahrung geschöpfet werden, bedarf auch keiner besondern Erklärung; denn Erfahrung ist selbst nichts anders, als eine continuirliche Zusammenfügung (Synthesis) der Wahrnehmungen. Es bleiben uns also nur synthetische Sätze a priori übrig, deren Möglichkeit gesucht oder untersucht werden muß, weil sie auf anderen Principien, als dem Satze des Widerspruchs, beruhen muß.

Wir

Wir dürfen aber die Möglichkeit solcher Sätze hier nicht zuerst suchen, d. i. fragen, ob sie möglich seyn. Denn es sind deren gnug, und zwar mit unstreitiger Gewißheit wirklich gegeben, und, da die Methode, die wir jetzt befolgen, analytisch seyn soll, so werden wir davon anfangen: daß dergleichen synthetische, aber reine Vernunfterkentniß wirklich sey; aber alsdenn müssen wir den Grund dieser Möglichkeit dennoch untersuchen, und fragen, wie diese Erkentniß möglich sey, damit wir aus den Principien ihrer Möglichkeit die Bedingungen ihres Gebrauchs, den Umfang und die Grenzen desselben zu bestimmen in Stand gesetzt werden. Die eigentliche mit schulgerechter Präcision ausgedruckter Aufgabe, auf die alles ankömmt, ist also:

Wie sind synthetische Sätze a priori möglich?

Ich habe sie oben, der Popularität zu Gefallen, etwas anders, nämlich als eine Frage nach dem Erkentniß aus reiner Vernunft, ausgedruckt, welches ich dieses mal ohne Nachtheil der gesuchten Einsicht wohl thun konte, weil, da es hier doch lediglich um die Metaphysik und deren Quellen zu thun ist, man, nach den vorher gemachten Erinnerungen, sich, wie ich hoffe, jederzeit erinnern wird: daß, wenn wir hier von Erkentniß aus reiner Vernunft reden, niemals von der analytischen, sondern lediglich der synthetischen die Rede sey. *)

---

*) Es ist unmöglich zu verhüten, daß, wenn die Erkentniß nach und nach weiter fortrückt, nicht gewisse schon classisch gewordne

Auf die Auflösung dieser Aufgabe nun kommt das Stehen oder Fallen der Metaphysik, und also ihre Existenz gänzlich an. Es mag jemand seine Behauptungen in derselben mit noch so grossem Schein vortragen, Schlüsse auf Schlüsse bis zum Erdrücken aufhäufen, wenn er nicht vorher jene Frage hat gnugthuend beantworten können, so habe ich Recht zu sagen: es ist alles eitele grundlose Philosophie und falsche Weisheit. Du sprichst durch reine Vernunft, und maassest dir an, a priori Erkentnisse gleichsam zu erschaffen, indem du nicht blos gegebene Begriffe zergliederst, sondern neue Verknüpfungen vorgiebst, die nicht auf dem Satze des Widerspruchs beruhen, und die du doch so ganz unabhängig von aller Erfahrung einzusehen vermeinest; wie kommst du nun hiezu, und wie willst du dich wegen solcher Anmaassungen rechtfertigen?

Dich

Ausdrücke, die noch von dem Kindheitsalter der Wissenschaft her sind, in der Folge sollten unzureichend und übel anpassend gefunden werden, und ein gewisser neuer und mehr angemessener Gebrauch mit dem Alten in einige Gefahr der Verwechselung gerathen sollte. Analytische Methode, sofern sie der synthetischen entgegengesetzt ist, ist ganz was anderes, als ein Inbegrif analytischer Sätze: sie bedeutet nur, daß man von dem, was gesucht wird, als ob es gegeben sey, ausgeht und zu den Bedingungen aufsteigt, unter denen es allein möglich. In dieser Lehrart bedienet man sich öfters lauter synthetischer Sätze, wie die mathematische Analysis davon ein Beispiel giebt, und sie könte besser die regressive Lehrart, zum Unterschiede von der synthetischen oder progressiven, heissen. Noch komt der Name Analytik auch als ein Haupttheil der Logik vor, und da ist es die Logik der Wahrheit, und wird der Dialektik entgegengesetzt, ohne eigentlich darauf zu sehen, ob die zu jener gehörige Erkentniß analytisch oder synthetisch seyn.

Dich auf Bestimmung der allgemeinen Menschenvernunft zu berufen, kan dir nicht gestattet werden; denn das ist ein Zeuge, dessen Ansehen nur auf dem öffentlichen Gerüchte beruht.

Quodcunque ostendis mihi, sic, incredulus odi.
Horat.

So unentbehrlich aber die Beantwortung dieser Frage ist, so schwer ist sie doch zugleich, und, obzwar die vornehmste Ursache, weswegen man sie nicht schon längst zu beantworten gesucht hat, darin liegt, daß man sich nicht einmal hat einfallen lassen, daß so etwas gefragt werden könne, so ist doch eine zweyte Ursache diese, daß eine gnugthuende Beantwortung dieser einen Frage ein weit anhaltenderes, tieferes, und mühsameres Nachdenken erfordert, als jemals das weitläuftigste Werk der Metaphysik, das bey der ersten Erscheinung seinem Verfasser Unsterblichkeit versprach. Auch muß ein jeder einsehender Leser, wenn er diese Aufgabe nach ihrer Foderung sorgfältig überdenkt, anfangs durch ihre Schwierigkeit erschreckt, sie vor unauflöslich, und gäbe es nicht wirklich dergleichen reine synthetische Erkentnisse a priori, sie ganz und gar vor unmöglich halten, welches dem David Hume wirklich begegnete, ob er sich zwar die Frage bey weitem nicht in solcher Allgemeinheit vorstellete, als es hier geschieht und geschehen muß, wenn die Beantwortung vor die ganze Metaphysik entscheidend werden soll. Denn, wie ist es möglich, sagte der scharfsinnige ge Mann: daß, wenn mir ein Begrif gegeben ist, ich über denselben hinausgehen, und einen andern damit verknüpfen kan, der in jenem gar nicht enthalten ist, und zwar so, als wenn dieser nothwendig zu jenem gehöre? Nur Erfahrung kan uns solche Verknüpfungen an die Hand geben, (so schloß er aus jener Schwierigkeit, die er vor Unmöglichkeit hielt) und alle jene vermeintliche Nothwendigkeit, oder welches einerley ist, davor gehaltene Erkentniß a priori, ist nichts als eine lange Gewohnheit, etwas wahr zu finden, und daher die subjective Nothwendigkeit vor objectiv zu halten.

Wenn der Leser sich über Beschwerde und Mühe beklagt, die ich ihm durch die Auflösung dieser Aufgabe machen werde, so darf er nur den Versuch anstellen, sie auf leichtere Art selbst aufzulösen. Vielleicht wird er sich alsdenn demjenigen verbunden halten, der eine Arbeit von so tiefer Nachforschung für ihn übernommen hat, und wohl eher über die Leichtigkeit, die nach Beschaffenheit der Sache der Auflösung noch hat gegeben werden können, einige Verwunderung merken lassen, auch hat es Jahre lang Bemühung gekostet, um diese Aufgabe in ihrer ganzen Allgemeinheit (in dem Verstande, wie die Mathematiker dieses Wort nehmen, nämlich hinreichend vor alle Fälle) aufzulösen, und sie auch endlich in analytischer Gestalt, wie der Leser sie hier antreffen wird, darstellen zu können.

Alle Metaphysiker sind demnach von ihren Geschäften feyerlich und gesetzmäßig so lange suspendirt, bis sie die
Fra-

Frage: Wie sind synthetische Erkentnisse a priori möglich? gnugthuend werden beantwortet haben. Denn in dieser Beantwortung allein besteht das Kreditiv, welches sie vorzeigen musten, wenn sie im Namen der reinen Vernunft etwas bey uns anzubringen haben; in Ermangelung desselben aber können sie nichts anders erwarten, als von Vernünftigen, die so oft schon hintergangen worden, ohne alle weitere Untersuchung ihres Anbringens, abgewiesen zu werden.

Wollten sie dagegen ihr Geschäfte nicht als Wissenschaft, sondern als eine Kunst heilsamer und dem allgemeinen Menschenverstande anpassender Ueberredungen, treiben, so kan ihnen dieses Gewerbe nach Billigkeit nicht verwehrt werden. Sie werden alsdenn die bescheidene Sprache eines vernünftigen Glaubens führen, sie werden gestehen, daß es ihnen nicht erlaubt sey, über das, was jenseit der Grenzen aller möglichen Erfahrung hinausliegt, auch nur einmal zu muthmassen, geschweige etwas zu wissen, sondern nur etwas (nicht zum speculativen Gebrauche, denn auf den müssen sie Verzicht thun, sondern lediglich zum practischen) anzunehmen, was zur Leitung des Verstandes und Willens im Leben möglich und sogar unentbehrlich ist. So allein werden sie den Namen nützlicher und weiser Männer führen können, um desto mehr, jemehr sie auf den der Metaphysiker Verzicht thun; denn diese wollen speculative Philosophen seyn, und da, wenn es um Urtheile a priori zu thun ist, man es auf schaale Wahr-
schein-

scheinlichkeiten nicht aussetzen kan, (denn was dem Vorgeben nach a priori erkant wird, wird eben dadurch als nothwendig angekündigt) so kan es ihnen nicht erlaubt seyn, mit Muthmassungen zu spielen, sondern ihre Behauptung muß Wissenschaft seyn, oder sie ist überall gar nichts.

Man kan sagen, daß die ganze Transscendentalphilosophie, die vor aller Metaphysik nothwendig vorhergeht, selbst nichts anders, als blos die vollständige Auflösung der hier vorgelegten Frage sey, nur in systematischer Ordnung und Ausführlichkeit, und man habe also bis jetzt keine Transscendentalphilosophie: Denn, was den Namen davon führt, ist eigentlich ein Theil der Metaphysik; jene Wissenschaft soll aber die Möglichkeit der letzteren zuerst ausmachen, und muß also vor aller Metaphysik vorhergehen. Man darf sich also auch nicht wundern, da eine ganze und zwar aller Beyhülfe aus andern beraubte, mithin an sich ganz neue Wissenschaft nöthig ist, um nur eine einzige Frage hinreichend zu beantworten, wenn die Auflösung derselben mit Mühe und Schwierigkeit, ja sogar mit einiger Dunkelheit verbunden ist.

Indem wir jetzt zu dieser Auflösung schreiten, und zwar nach analytischer Methode, in welcher wir voraussetzen, daß solche Erkentnisse aus reiner Vernunft wirklich seyn: so können wir uns nur auf zwey Wissenschaften der theoretischen Erkentniß (als von der allein hier die Rede ist) berufen, nämlich reine Mathematik und reine
Na-

Naturwissenschaft, denn nur diese können uns die Gegenstände in der Anschauung darstellen, mithin, wenn etwa in ihnen ein Erkentniß a priori vorkäme, die Wahrheit, oder Uebereinstimmung derselben mit dem Objecte, in concreto, d. i. ihre Wirklichkeit zeigen, von der alsdenn zu dem Grunde ihrer Möglichkeit auf dem analytischen Wege fortgegangen werden könte. Dies erleichtert das Geschäfte sehr, in welchem die allgemeine Betrachtungen nicht allein auf Facta angewandt werden, sondern sogar von ihnen ausgehen, anstatt daß sie in synthetischem Verfahren gänzlich in abstracto aus Begriffen abgeleitet werden müssen.

Um aber von diesen wirklichen und zugleich gegründeten reinen Erkentnissen a priori zu einer möglichen, die wir suchen, nämlich einer Metaphysik, als Wissenschaft, aufzusteigen, haben wir nöthig, das, was sie veranlaßt, und als blos natürlich gegebene, obgleich wegen ihrer Wahrheit nicht unverdächtige, Erkentniß a priori jener zum Grunde liegt, deren Bearbeitung ohne alle critische Untersuchung ihrer Möglichkeit gewöhnlicher massen schon Metaphysik genant wird, mit einem Worte die Naturanlage zu einer solchen Wissenschaft unter unserer Hauptfrage mit zu begreifen, und so wird die transscendentale Hauptfrage in vier andere Fragen zertheilt nach und nach beantwortet werden.

1) Wie

1) Wie ist reine Mathematik möglich?
2) Wie ist reine Naturwissenschaft möglich?
3) Wie ist Metaphysik überhaupt möglich?
4) Wie ist Metaphysik als Wissenschaft möglich?

Man siehet, daß, wenn gleich die Auflösung dieser Aufgaben hauptsächlich den wesentlichen Inhalt der Critik darstellen soll, sie dennoch auch etwas Eigenthümliches habe, welches auch vor sich allein der Aufmerksamkeit würdig ist: nämlich zu gegebenen Wissenschaften die Quellen in der Vernunft selbst zu suchen, um dadurch dieser ihr Vermögen, etwas a priori zu erkennen, vermittelst der That selbst zu erforschen und auszumessen; wodurch denn diese Wissenschaften selbst, wenn gleich nicht in Ansehung ihres Inhalts, doch, was ihren richtigen Gebrauch betrift, gewinnen, und, indem sie einer höheren Frage, wegen ihres gemeinschaftlichen Ursprungs, Licht verschaffen, zugleich Anlaß geben, ihre eigene Natur besser aufzuklären.

Der transscendentalen Hauptfrage
Erster Theil.
Wie ist reine Mathematik möglich?

§. 6.

Hier ist nun eine grosse und bewährte Erkentniß, die schon jetzt von bewundernswürdigem Umfange ist, und

und unbegrenzte Ausbreitung auf die Zukunft verspricht, die durch und durch apodictische Gewißheit, d. i. absolute Nothwendigkeit, bey sich führet, also auf keinen Erfahrungsgründen beruht, mithin ein reines Product der Vernunft, überdem aber durch und durch synthetisch ist; „wie ist es nun der menschlichen Vernunft möglich, eine solche Erkentniß gänzlich a priori zu Stande zu bringen?„ Setzt dieses Vermögen, da es sich nicht auf Erfahrung stützt, noch fußen kan, nicht irgend einen Erkentnißgrund a priori voraus, der tief verborgen liegt, der sich aber durch diese seine Wirkungen offenbaren dürfte, wenn man den ersten Anfängen derselben nur fleißig nachspürete?

§. 7.

Wir finden aber, daß alle mathematische Erkentniß dieses Eigenthümliche habe, daß sie ihren Begrif vorher in der Anschauung, und zwar a priori, mithin einer solchen, die nicht empirisch, sondern reine Anschauung ist, darstellen müsse, ohne welches Mittel sie nicht einen einzigen Schritt thun kan; daher ihre Urtheile jederzeit intuitiv sind, an statt daß Philosophie sich mit discursiven Urtheilen aus blossen Begriffen begnügen, und ihre apodictische Lehren wol durch Anschauung erläutern, niemals aber daher ableiten kan. Diese Beobachtung in Ansehung der Natur der Mathematik giebt uns nun schon eine Leitung auf die erste und oberste Bedingung ihrer Möglichkeit: nämlich, es muß ihr irgend eine reine Anschauung zum

D Grun-

Grunde liegen, in welcher sie alle ihre Begriffe in concreto, und dennoch a priori darstellen, oder, wie man es nennt, sie construiren kan. *) Können wir diese reine Anschauung, und die Möglichkeit einer solchen ausfinden, so erklärt sich daraus leicht, wie synthetische Sätze a priori in der reinen Mathematik, und mithin auch, wie diese Wissenschaft selbst möglich sey; denn, so wie die empirische Anschauung es ohne Schwierigkeit möglich macht, daß wir unsern Begrif, den wir uns von einem Object der Anschauung machen, durch neue Prädicate, die die Anschauung selbst darbietet, in der Erfahrung synthetisch erweitern, so wird es auch die reine Anschauung thun, nur mit dem Unterschiede: daß im letztern Falle das synthetische Urtheil a priori gewiß und apodictisch, im ersteren aber nur a posteriori und empirisch gewiß seyn wird, weil diese nur das enthält, was in der zufälligen empirischen Anschauung angetroffen wird, jene aber, was in der reinen nothwendig angetroffen werden muß, indem sie, als Anschauung a priori, mit dem Begriffe vor aller Erfahrung oder einzelnen Wahrnehmung unzertrennlich verbunden ist.

§. 8.

Allein die Schwierigkeit scheint bey diesem Schritte eher zu wachsen, als abzunehmen. Denn nunmehro lautet die Frage: wie ist es möglich, etwas a priori anzuschauen? Anschauung ist eine Vorstellung, so wie sie un-

---

*) Siehe Kritik S. 713.

unmittelbar von der Gegenwart des Gegenstandes abhängen würde. Daher scheinet es unmöglich, a priori ursprünglich anzuschauen, weil die Anschauung alsdenn ohne einen weder vorher, noch jetzt gegenwärtigen Gegenstand, worauf sie sich bezöge, stattfinden müßte, und also nicht Anschauung seyn könte. Begriffe sind zwar von der Art, daß wir uns einige derselben, nämlich die, so nur das Denken eines Gegenstandes überhaupt enthalten, ganz wohl a priori machen können, ohne daß wir uns in einem unmittelbaren Verhältnisse zum Gegenstande befänden, z. B. den Begrif von Grösse, von Ursach ꝛc. aber selbst diese bedürfen doch, um ihnen Bedeutung und Sinn zu verschaffen, einen gewissen Gebrauch in concreto, d. i. Anwendung auf irgend eine Anschauung, dadurch uns ein Gegenstand derselben gegeben wird. Allein wie kan Anschauung des Gegenstandes vor dem Gegenstande selbst vorhergehen?

§. 9.

Müßte unsre Anschauung von der Art seyn, daß sie Dinge vorstellte, so wie sie an sich selbst sind, so würde gar keine Anschauung a priori stattfinden, sondern sie wäre allemal empirisch. Denn was in dem Gegenstande an sich selbst enthalten sey, kan ich nur wissen, wenn er mir gegenwärtig und gegeben ist. Freylich ist es auch alsdenn unbegreiflich, wie die Anschauung einer gegenwärtigen Sache mir diese sollte zu erkennen geben, wie sie an sich ist, da ihre Eigenschaften nicht in meine Vorstellungskraft hinüber wandern können; allein die Möglichkeit davon eingeräumt, so würde doch dergleichen Anschauung nicht a priori stattfinden, d. i. ehe mir noch der Gegenstand vorgestellt würde: denn ohne das kan kein Grund der Beziehung meiner Vorstellung auf ihn erdacht werden, sie müßte denn auf Eingebung beruhen. Es ist also nur auf eine einzige Art möglich, daß meine Anschauung vor der Wirklichkeit des Gegenstandes vorhergehe, und als Erkentniß a priori stattfinde; wenn sie nämlich nichts anders enthält, als die Form der Sinnlichkeit, die in meinem Subject vor allen wirklichen Eindrücken vorhergeht, dadurch ich von Gegenständen afficirt werde. Denn daß Gegenstände der Sinne dieser Form der Sinnlichkeit gemäß allein angeschaut werden können, kan ich a priori wissen. Hieraus folgt: daß Sätze, die blos diese Form der sinnlichen Anschauung betreffen, von Gegenständen der Sinne möglich und gültig seyn werden, imgleichen umgekehrt, daß Anschauungen, die a priori möglich seyn, niemals andere Dinge, als Gegenstände unsrer Sinne betreffen können.

§. 10.

Also ist es nur die Form der sinnlichen Anschauung, dadurch wir a priori Dinge anschauen können, wodurch wir aber auch die Objecte nur erkennen, wie sie uns (unsern Sinnen) erscheinen können, nicht wie sie an sich seyn mögen,

gen, und diese Voraussetzung ist schlechterdings nothwendig, wenn synthetische Sätze a priori als möglich eingeräumt, oder im Falle sie wirklich angetroffen werden, ihre Möglichkeit begriffen und zum voraus bestimmt werden soll.

Nun sind Raum und Zeit diejenigen Anschauungen, welche die reine Mathematik allen ihren Erkenntnissen, und Urtheilen, die zugleich als apodictisch und nothwendig auftreten, zum Grunde legt; denn Mathematik muß alle ihre Begriffe zuerst in der Anschauung, und reine Mathematik in der reinen Anschauung darstellen, d. i. sie construiren, ohne welche (weil sie nicht analytisch, nämlich durch Zergliederung der Begriffe, sondern synthetisch verfahren kan) es ihr unmöglich ist, einen Schritt zu thun, so lange ihr nämlich reine Anschauung fehlt, in der allein der Stoff zu synthetischen Urtheilen a priori gegeben werden kan. Geometrie legt die reine Anschauung des Raums zum Grunde. Arithmetik bringt selbst ihre Zahlbegriffe durch successive Hinzusetzung der Einheiten in der Zeit zu Stande, vornemlich aber reine Mechanik kan ihre Begriffe von Bewegung nur vermittelst der Vorstellung der Zeit zu Stande bringen. Beyde Vorstellungen aber sind blos Anschauungen; denn wenn man von den empirischen Anschauungen der Körper und ihrer Veränderungen (Bewegung) alles Empirische, nämlich was zur Empfindung gehört, wegläßt, so bleiben noch Raum und Zeit übrig, welche also reine Anschauungen sind, die jenen a priori zum Grunde liegen,

und

und daher selbst niemals weggelassen werden können, aber eben dadurch, daß sie reine Anschauungen a priori sind, beweisen, daß sie bloße Formen unserer Sinnlichkeit sind, die vor aller empirischen Anschauung, d. i. der Wahrnehmung wirklicher Gegenstände, vorhergehen müssen, und denen gemäß Gegenstände a priori erkant werden können, aber freylich nur, wie sie uns erscheinen.

§. 11.

Die Aufgabe des gegenwärtigen Abschnitts ist also aufgelöset. Reine Mathematik ist, als synthetische Erkentniß a priori, nur dadurch möglich, daß sie auf keine andere als bloße Gegenstände der Sinne geht, deren empirischer Anschauung eine reine Anschauung (des Raums und der Zeit) und zwar a priori zum Grunde liegt, und darum zum Grunde liegen kan, weil diese nichts anders als die bloße Form der Sinnlichkeit ist, welche vor der wirklichen Erscheinung der Gegenstände vorhergeht, indem sie dieselbe in der That allererst möglich macht. Doch betrift dieses Vermögen, a priori anzuschauen, nicht die Materie der Erscheinung, d. i. das, was in ihr Empfindung ist, denn diese macht das Empirische aus, sondern nur die Form derselben Raum und Zeit. Wollte man im mindesten daran zweifeln, daß beyde gar keine den Dingen an sich selbst, sondern nur bloße ihrem Verhältnisse zur Sinnlichkeit anhängende Bestimmungen seyn, so möchte ich gerne wissen,

wissen, wie man es möglich finden kan, a priori, und also vor aller Bekantschaft mit den Dingen, ehe sie nämlich uns gegeben sind, zu wissen, wie ihre Anschauung beschaffen seyn müsse, welches doch hier der Fall mit Raum und Zeit ist. Dieses ist aber ganz begreiflich, so bald beyde vor nichts weiter, als formale Bedingungen unserer Sinnlichkeit, die Gegenstände aber blos vor Erscheinungen gelten, denn alsdenn kan die Form der Erscheinung d. i. die reine Anschauung allerdings aus uns selbst d. i. a priori vorgestellt werden.

§. 12.

Um etwas zur Erläuterung und Bestätigung beyzufügen, darf man nur das gewöhnliche und unumgänglich nothwendige Verfahren der Geometern ansehen. Alle Beweise von durchgängiger Gleichheit zweyer gegebenen Figuren (da eine in allen Stücken an die Stelle der andern gesetzt werden kan) laufen zuletzt darauf hinaus, daß sie einander decken; welches offenbar nichts anders, als ein auf der unmittelbaren Anschauung beruhender synthetischer Satz ist, und diese Anschauung muß rein und a priori gegeben werden, denn sonst könte jener Satz nicht vor apodictisch gewiß gelten, sondern hätte nur empirische Gewißheit. Es würde nur heissen: man bemerkt es jederzeit so, und er gilt nur so weit, als unsre Wahrnehmung bis dahin sich erstreckt hat. Daß der vollständige Raum (der selbst keine Grenze eines anderen Raumes mehr ist) drey Abmessungen habe, und

Raum überhaupt auch nicht mehr derselben haben könne, wird auf den Satz gebaut: daß sich in einem Puncte nicht mehr als drey Linien rechtwinklicht schneiden können; dieser Satz aber kann gar nicht aus Begriffen dargethan werden, sondern beruht unmittelbar auf Anschauung, und zwar reiner a priori, weil er apodictisch gewiß ist, daß man verlangen kan, eine Linie solle ins Unendliche gezogen (in indefinitum), oder eine Reihe Veränderungen (z. B. durch Bewegung zurückgelegte Räume) solle ins Unendliche fortgesetzt werden, setzt doch eine Vorstellung des Raumes und der Zeit voraus, die blos an der Anschauung hängen kan, nämlich so fern sie an sich durch nichts begrenzt ist; denn aus Begriffen könte sie nie geschlossen werden. Also liegen doch wirklich der Mathematik reine Anschauungen a priori zum Grunde, welche ihre synthetische und apodictisch geltende Sätze möglich machen, und daher erklärt unsere transcendentale Deduction der Begriffe im Raum und Zeit zugleich die Möglichkeit einer reinen Mathematik, die, ohne eine solche Deduction, und ohne daß wir annehmen, „alles, was unsern Sinnen gegeben werden mag, (den äusseren im Raume, den innern in der Zeit), werde von uns nur angeschauet, wie es uns erscheinet, nicht wie es an sich selbst ist,„ zwar eingeräumt, aber keinesweges eingesehen werden könte.

§. 13.

Diejenigen, welche noch nicht von dem Begriffe loskommen können, als ob Raum und Zeit wirkliche Beschaffensenheiten wären, die den Dingen an sich selbst anhingen, können ihre Scharfsinnigkeit an folgendem Paradoxon üben, und, wenn sie dessen Auflösung vergebens versucht haben, wenigstens auf einige Augenblicke von Vorurtheilen frey, vermuthen, daß doch vielleicht die Abwürdigung des Raumes und der Zeit zu blossen Formen unsrer sinnlichen Anschauung Grund haben möge.

Wenn zwey Dinge in allen Stücken, die an jedem vor sich nur immer können erkant werden, (in allen zur Größe und Qualität gehörigen Bestimmungen) völlig einerley sind, so muß doch folgen, daß eins in allen Fällen und Beziehungen an die Stelle des andern könne gesetzt werden, ohne daß diese Vertauschung den mindesten kentlichen Unterschied verursachen würde. In der That verhält sich dies auch so mit ebenen Figuren in der Geometrie; allein verschiedene sphärische zeigen, ohnerachtet jener völligen innern Uebereinstimmung, doch eine solche im äusseren Verhältniß, daß sich eine an die Stelle der andern gar nicht setzen läßt, z. B. zwey sphärische Triangel von beyden Hemisphären, die einen Bogen des Aequators zur gemeinschaftlichen Basis haben, können völlig gleich seyn, in Ansehung der Seiten sowol als Winkel, so daß an keinem, wenn er allein und zugleich vollständig beschrieben wird, nichts angetroffen wird, was nicht zugleich in der Beschreibung des andern läge, und dennoch kan einer nicht an die Stelle des andern (nämlich auf dem entgegengesetzten Hemisphär) gesetzt werden, und hier ist denn doch eine innere Verschiedenheit beyder Triangel, die kein Verstand

stand als innerlich angeben kan, und die sich nur durch das
äussere Verhältniß im Raume offenbaret. Allein ich
will gewöhnlichere Fälle anführen, die aus dem gemeinen Leben genommen werden können.

Was kann wol meiner Hand oder meinem Ohr ähnlicher, und in allen Stücken gleicher seyn, als ihr Bild
im Spiegel? Und dennoch kan ich eine solche Hand, als
im Spiegel gesehen wird, nicht an die Stelle ihres Ur-
bildes setzen; denn wenn dieses eine rechte Hand war,
so ist jene im Spiegel eine linke, und das Bild des rechten Ohres ist ein linkes, das nimmermehr die Stelle
des ersteren vertreten kan. Nun sind hier keine innere
Unterschiede, die irgend einen Verstand nur denken könte;
und dennoch sind die Unterschiede innerlich, so weit die
Sinne lehren, denn die linke Hand kan mit der rechten,
ohnerachtet aller beyderseitigen Gleichheit und Aehnlichkeit, doch nicht zwischen denselben Grenzen eingeschlossen
seyn, (sie können nicht congruiren) der Handschuh der
einen Hand kan nicht auf der andern gebraucht werden.
Was ist nun die Auflösung? Diese Gegenstände sind
nicht etwa Vorstellungen der Dinge, wie sie an sich
selbst sind, und wie sie der pure Verstand erkennen würde,
sondern es sind sinnliche Anschauungen, d. i. Erscheinungen, deren Möglichkeit auf dem Verhältnisse gewisser an sich unbekanten Dinge zu etwas anderem, nämlich unserer Sinnlichkeit beruht. Von dieser ist nun der
Raum die Form der äussern Anschauung, und die innere Bestimmung eines jeden Raumes ist nur durch
die

die Bestimmung des äußeren Verhältnisses zu dem ganzen Raume, davon jener ein Theil ist, (dem Verhältnisse zum äußeren Sinne) d. i. der Theil ist nur durchs Ganze möglich, welches bey Dingen an sich selbst, als Gegenständen des bloßen Verstandes niemals, wol aber bey bloßen Erscheinungen stattfindet. Wir können daher auch den Unterschied ähnlicher und gleicher, aber doch incongruenter Dinge (z. B. widersinnig gewundener Schnecken) durch keinen einzigen Begrif verständlich machen, sondern nur durch das Verhältniß zur rechten und linken Hand, welches unmittelbar auf Anschauung geht.

Anmerkung I.

Die reine Mathematik, und namentlich die reine Geometrie, kan nur unter der Bedingung allein objective Realität haben, daß sie blos auf Gegenstände der Sinne geht, in Ansehung deren aber der Grundsatz feststeht: daß unsre sinnliche Vorstellung keinesweges eine Vorstellung der Dinge an sich selbst, sondern nur der Art sey, wie sie uns erscheinen. Daraus folgt, daß die Sätze der Geometrie nicht etwa Bestimmungen eines bloßen Geschöpfs unserer dichtenden Phantasie, und also nicht mit Zuverlässigkeit auf wirkliche Gegenstände könten bezogen werden, sondern daß sie nothwendiger Weise vom Raume, und darum auch von allem, was im Raume angetroffen werden mag, gelten, weil der Raum nichts anders ist, als die Form aller

aller äusseren Erscheinungen, unter der uns allein Gegenstände der Sinne gegeben werden können. Die Sinnlichkeit, deren Form die Geometrie zum Grunde legt, ist das, worauf die Möglichkeit äusserer Erscheinungen beruht; diese also können niemals etwas anderes enthalten, als was die Geometrie ihnen vorschreibt. Ganz anders würde es seyn, wenn die Sinne die Objecte vorstellen müßten, wie sie an sich selbst sind. Denn da würde aus der Vorstellung vom Raume, die der Geometer a priori mit allerley Eigenschaften desselben zum Grunde legt, noch gar nicht folgen, daß alles dieses samt dem, was daraus gefolgert wird, sich gerade so in der Natur verhalten müsse. Man würde den Raum des Geometers vor blosse Erdichtung halten, und ihm keine objective Gültigkeit zutrauen; weil man gar nicht einsieht, wie Dinge nothwendig mit dem Bilde, das wir uns von selbst und zum voraus von ihnen machen, übereinstimmen müßten. Wenn aber dieses Bild, oder vielmehr diese formale Anschauung, die wesentliche Eigenschaft unserer Sinnlichkeit ist, vermittelst deren uns allein Gegenstände gegeben werden, diese Sinnlichkeit aber nicht Dinge an sich selbst, sondern nur ihre Erscheinungen vorstellt, so ist ganz leicht zu begreifen, und zugleich unwidersprechlich bewiesen: daß alle äussere Gegenstände unsrer Sinnenwelt nothwendig mit den Sätzen der Geometrie nach aller Pünctlichkeit übereinstimmen müssen, weil die Sinnlichkeit durch ihre Form äusserer Anschauung, (den Raum), womit sich der Geometer beschäftigt, jene Gegenstände, als blosse Erscheinungen

selbst

selbst allererst möglich macht. Es wird allemal ein bemerkungswürdiges Phänomen in der Geschichte der Philosophie bleiben, daß es eine Zeit gegeben hat, da selbst Mathematiker, die zugleich Philosophen waren, zwar nicht an der Richtigkeit ihrer geometrischen Sätze, sofern sie blos den Raum beträfen, aber an der objectiven Gültigkeit und Anwendung dieses Begrifs selbst und aller geometrischen Bestimmungen desselben auf Natur zu zweifeln anfingen, da sie besorgten, eine Linie in der Natur möchte doch wol aus physischen Puncten, mithin der wahre Raum im Objecte aus einfachen Theilen bestehen, obgleich der Raum, den der Geometer in Gedanken hat, daraus keinesweges bestehen kan. Sie erkanten nicht, daß dieser Raum in Gedanken den physischen d. i. die Ausdehnung der Materie selbst möglich mache: daß dieser gar keine Beschaffenheit der Dinge an sich selbst, sondern nur eine Form unserer sinnlichen Vorstellungskraft sey: daß alle Gegenstände im Raume blosse Erscheinungen, d. i. nicht Dinge an sich selbst, sondern Vorstellungen unsrer sinnlichen Anschauung seyn, und, da der Raum, wie ihn sich der Geometer denkt, ganz genau die Form der sinnlichen Anschauung ist, die wir a priori in uns finden, und die den Grund der Möglichkeit aller äussern Erscheinungen (ihrer Form nach) enthält, diese nothwendig und auf das präciseste mit den Sätzen des Geometers, die er aus keinem erdichteten Begrif, sondern aus der subjectiven Grundlage aller äussern Erscheinungen, nämlich der Sinnlichkeit selbst zieht, zusammen stimmen müssen. Auf solche und keine andre br: Art kan der Geometer wider alle Chicanen einer seichten Metaphysik, wegen der ungezweifelten objectiven Realität seiner Sätze gesichert werden, so befremdend sie auch dieser, weil sie nicht bis zu den Quellen ihrer Begriffe zurückgeht, scheinen müssen.

Anmerkung. II.

Alles, was uns als Gegenstand gegeben werden soll, muß uns in der Anschauung gegeben werden. Alle unsere Anschauung geschieht aber nur vermittelst der Sinne; der Verstand schauet nichts an, sondern reflectirt nur. Da nun die Sinne nach dem jetzt erwiesenen uns niemals und in keinem einzigen Stück die Dinge an sich selbst, sondern nur ihre Erscheinungen zu erkennen geben, diese aber blosse Vorstellungen der Sinnlichkeit sind, „so müssen auch alle Körper mit samt dem Raume, darin sie sich befinden, vor nichts als blosse Vorstellungen in uns gehalten werden, und existiren nirgend anders, als blos in unsern Gedanken.„ Ist dieses nun nicht der offenbare Idealismus?

Der Idealismus besteht in der Behauptung, daß es keine andere als denkende Wesen gebe, die übrigen Dinge, die wir in der Anschauung wahrzunehmen glauben, wären nur Vorstellungen in den denkenden Wesen, denen in der That kein ausserhalb diesen befindlicher Gegenstand correspondirete. Ich dagegen sage: es sind uns Dinge als ausser uns befindliche Gegen-

genstände unserer Sinne gegeben, allein von dem, was sie an sich selbst seyn mögen, wissen wir nichts, sondern kennen nur ihre Erscheinungen, d. i. die Vorstellungen, die sie in uns wirken, indem sie unsere Sinne afficiren. Demnach gestehe ich allerdings, daß es ausser uns Körper gebe, d. i. Dinge, die, obzwar nach dem, was sie an sich selbst seyn mögen, uns gänzlich unbekant, wir durch die Vorstellungen kennen, welche ihr Einfluß auf unsre Sinnlichkeit uns verschaft, und denen wir die Benennung eines Körpers geben, welches Wort also blos die Erscheinung jenes uns unbekanten, aber nichts desto weniger wirklichen Gegenstandes bedeutet. Kan man dieses wol Idealismus nennen? Es ist ja gerade das Gegentheil davon.

Daß man, unbeschadet der wirklichen Existenz äusserer Dinge von einer Menge ihrer Prädicate sagen könne: sie gehöreten nicht zu diesen Dingen an sich selbst, sondern nur zu ihren Erscheinungen, und hätten ausser unserer Vorstellung keine eigene Existenz, ist etwas, was schon lange vor Lock's Zeiten, am meisten aber nach diesen, allgemein angenommen und zugestanden ist. Dahin gehören die Wärme, die Farbe, der Geschmack ꝛc. Daß ich aber noch über diese, aus wichtigen Ursachen, die übrigen Qualitäten der Körper, die man primarias nennt, die Ausdehnung, den Ort, und überhaupt den Raum, mit allem was ihm anhängig ist, (Undurchdringlichkeit oder Materialität, Gestalt ꝛc.) auch mit zu blossen Erscheinungen zähle, dawider kan man nicht
den

den mindesten Grund der Unzuläßigkeit anführen, und so wenig, wie der, so die Farben nicht als Eigenschaften, die dem Object an sich selbst, sondern nur dem Sinn des Sehens als Modificationen anhängen, will gelten laßen, darum ein Idealist heissen kan: so wenig kan mein Lehrbegrif idealistisch heissen, blos deshalb, weil ich finde, daß noch mehr, ja alle Eigenschaften, die die Anschauung eines Körpers ausmachen, blos zu seiner Erscheinung gehören; denn die Existenz des Dinges, was erscheint, wird dadurch nicht, wie beym wirklichen Idealism aufgehoben, sondern nur gezeigt, daß wir es, wie es an sich selbst sey, durch Sinne gar nicht erkennen können.

Ich möchte gerne wissen, wie denn meine Behauptungen beschaffen seyn müßten, damit sie nicht einen Idealism enthielten. Ohne Zweifel müßte ich sagen: daß die Vorstellungen vom Raume nicht blos dem Verhältnisse, was unsre Sinnlichkeit zu den Objecten hat, vollkommen gemäß sey, denn das habe ich gesagt, sondern daß sie sogar dem Object völlig ähnlich sey; eine Behauptung, mit der ich keinen Sinn verbinden kan, so wenig, als daß die Empfindung des Rothen mit der Eigenschaft des Zinnobers, der diese Empfindung in mir erregt, eine Aehnlichkeit habe.

Anmerkung III.

Hieraus läßt sich nun ein leicht vorherzusehender, aber nichtiger, Einwurf gar leicht abweisen: „daß nämlich durch die Idealität des Raums und der Zeit die ganze

Ein

Sinnenwelt in lauter Schein verwandelt werden würde. „Nachdem man nemlich zuvörderst alle philosophische Einsicht von der Natur der sinnlichen Erkentniß dadurch verdorben hatte, daß man die Sinnlichkeit blos in einer verworrenen Vorstellungsart setzte, nach der wir die Dinge immer noch erkenneten, wie sie sind, nur ohne das Vermögen zu haben, alles in dieser unseren Vorstellung zum klaren Bewustseyn zu bringen: dagegen von uns bewiesen worden, daß Sinnlichkeit nicht in diesem logischen Unterschiede, der Klarheit oder Dunkelheit, sondern in dem genetischen des Ursprungs der Erkentniß selbst, bestehe, da sinnliche Erkentniß die Dinge gar nicht vorstellt, wie sie sind, sondern nur die Art, wie sie unsere Sinnen afficiren, und also daß durch sie blos Erscheinungen, nicht die Sachen selbst dem Verstande zur Reflexion gegeben werden: Nach dieser Nothwendigen Berichtigung regt sich ein aus unverzeihlicher und beynahe vorsetzlicher Misdeutung entspringender Einwurf, als wenn mein Lehrbegrif alle Dinge der Sinnenwelt in lauter Schein verwandelte.

Wenn uns Erscheinung gegeben ist, so sind wir noch ganz frey, wie wir die Sache daraus beurtheilen wollen. Jene, nämlich Erscheinung, beruhete auf den Sinnen, diese Beurtheilung aber auf dem Verstande, und es frägt sich nur, ob in der Bestimmung des Gegenstandes, Wahrheit sey oder nicht. Der Unterschied aber zwischen Wahrheit und Traum, wird nicht durch die Beschaffenheit der Vorstellungen, die auf Gegenstände bezogen werden, ausgemacht, denn die sind in beyden einerley, sondern durch die Verknüpfung derselben nach denen Regeln, welche den Zusammenhang der Vorstellungen in dem Begriffe eines Objects bestimmen, und wie fern sie in einer Erfahrung beysammen stehen können oder nicht. Und da liegt es gar nicht an den Erscheinungen, wenn unsere Erkentniß den Schein vor Wahrheit nimmt, d. i. wenn Anschauung, wodurch uns ein Object gegeben, wird, vor Begrif vom Gegenstande, oder auch der Existenz desselben, die der Verstand nur denken kan, gehalten wird. Den Gang der Planeten stellen uns die Sinne bald rechtläufig, bald rückläufig vor, und hierin ist weder Falschheit noch Wahrheit, weil, so lange man sich bescheidet, daß dieses vorerst nur Erscheinung ist, man über die objective Beschaffenheit ihrer Bewegung noch gar nicht urtheilt. Weil aber, wenn der Verstand nicht wohl darauf Acht hat, zu verhüten, daß diese subjective Vorstellungsart nicht vor objectiv gehalten werde, leichtlich ein falsches Urtheil entspringen kan, so sagt man: sie scheinen zurückzugehen; allein der Schein kommt nicht auf Rechnung der Sinne, sondern des Verstandes, dem es allein zukommt, aus der Erscheinung ein objectives Urtheil zu fällen.

Auf solche Weise, wenn wir auch gar nicht über den Ursprung unserer Vorstellungen nachdächten, und unsre Anschauungen der Sinne, sie mögen enthalten was sie wollen, im Raume und Zeit nach Regeln des Zusammenhanges aller Erkentniß in einer Erfahrung verknüpfen:

fer: so kan, nachdem wir unbehutsam oder vorsichtig seyn, trüglicher Schein oder Wahrheit entspringen; das geht lediglich den Gebrauch sinnlicher Vorstellungen im Verstande, und nicht ihren Ursprung an. Eben so, wenn ich alle Vorstellungen der Sinne samt ihrer Form, nämlich Raum und Zeit, vor nichts als Erscheinungen, und die letztern vor eine blosse Form der Sinnlichkeit halte, die ausser ihr an den Objecten gar nicht angetroffen wird, und ich bediene mich derselben Vorstellungen nur in Beziehung auf mögliche Erfahrung, so ist darin nicht die mindeste Verleitung zum Irrthum, oder ein Schein enthalten, daß ich sie vor blosse Erscheinungen enthalte; denn sie können dessen ungeachtet nach Regeln der Wahrheit in der Erfahrung richtig zusammenhängen. Auf solche Weise gelten alle Sätze der Geometrie vom Raume eben sowol von allen Gegenständen der Sinne, mithin in Ansehung aller möglichen Erfahrung, ob ich den Raum als eine blosse Form der Sinnlichkeit, oder als etwas an den Dingen selbst haftendes ansehe; wiewol ich im ersteren Falle allein begreifen kan, wie es möglich sey, jene Sätze von allen Gegenständen der äusseren Anschauung a priori zu wissen: sonst bleibt in Ansehung aller nur möglichen Erfahrung alles eben so, wie, wenn ich diesen Abfall von der gemeinen Meinung gar nicht unternommen hätte.

Wage ich es aber mit meinen Begriffen von Raum und Zeit über alle mögliche Erfahrung hinauszugehen, welches unvermeidlich ist, wenn ich sie vor Beschaffenheiten ausgebe, die den Dingen an sich selbst anhingen, (denn was sollte mich da hindern, sie auch von eben denselben Dingen, meine Sinnen möchten nun auch anders eingerichtet seyn, und vor sie passen oder nicht, dennoch gelten zu lassen? alsdenn kan ein wichtiger Irrthum entspringen, der auf einem Scheine beruht, da ich das, was eine blos meinem Subject anhangende Bedingung der Anschauung der Dinge war, und sicher vor alle Gegenstände der Sinne, mithin alle nur mögliche Erfahrung galt, vor allgemein gültig ausgab, weil ich sie auf die Dinge an sich selbst bezog, und nicht auf Bedingungen der Erfahrung einschränkte.

Also ist es so weit gefehlt, daß meine Lehre von der Idealität des Raumes und der Zeit die ganze Sinnenwelt zum blossen Scheine mache, daß sie vielmehr das einzige Mittel ist, die Anwendung einer der allerwichtigsten Erkenntnisse, nämlich derjenigen, welche Mathematik a priori vorträgt, auf wirkliche Gegenstände zu sichern, und zu verhüten, daß sie nicht vor blossen Schein gehalten werde, weil ohne diese Bemerkung es ganz unmöglich wäre auszumachen, ob nicht die Anschauungen von Raum und Zeit, die wir von keiner Erfahrung entlehnen, und die dennoch in unserer Vorstellung a priori liegen, blosse selbstgemachte Hirngespinste wären, denen gar kein Gegenstand wenigstens nicht adäquat correspondirte, und also Geometrie selbst ein blosser Schein sey, dagegen ihre unstreitige Gültigkeit in Ansehung aller Gegenstände der Sinnenwelt, eben

da

darum, weil diese blosse Erscheinungen sind, von uns hat dargethan werden können.

Es ist zweytens so weit gefehlt, daß diese meine Principien darum, weil sie aus den Vorstellungen der Sinne Erscheinungen machen, statt der Wahrheit der Erfahrung sie in blossen Schein verwandeln sollten, daß sie vielmehr das einzige Mittel seyn, den transscendentalen Schein zu verhüten, wodurch Metaphysik von je her getäuscht, und eben dadurch zu den kindischen Bestrebungen verleitet worden, nach Seifenblasen zu haschen, weil man Erscheinungen, die doch blosse Vorstellungen sind, vor Sachen an sich selbst nahm, woraus alle jene merkwürdige Auftritte der Antinomie der Vernunft erfolgt sind, davon ich weiter hin Erwähnung thun werde, und die durch jene einzige Bemerkung gehoben wird: daß Erscheinung, so lange als sie in der Erfahrung gebraucht wird, Wahrheit, sobald sie aber über die Grenze derselben hinausgeht und transscendent wird, nichts als lauter Schein hervorbringt.

Da ich also den Sachen, die wir uns durch Sinne vorstellen, ihre Wirklichkeit lasse, und nur unsre sinnliche Anschauung von diesen Sachen dahin einschränke, daß sie in gar keinem Stücke, selbst nicht in den reinen Anschauungen von Raum und Zeit, etwas mehr als blos Erscheinung jener Sachen, niemals aber die Beschaffenheit derselben an ihnen selbst vorstellen, so ist dies kein der Natur von mir angedichteter durchgängiger Schein, und meine Pro-

Protestation wider alle Zumuthung eines Idealism ist so bündig und einleuchtend, daß sie sogar überflüssig scheinen würde, wenn es nicht unbefugte Richter gäbe, die, indem sie vor jede Abweichung von ihrer verkehrten obgleich gemeinen Meinung gerne einen alten Namen haben möchten, und niemals über den Geist der philosophischen Benennungen urtheilen, sondern blos am Buchstaben hingen, bereit ständen, ihren eigenen Wahn an die Stelle wohl bestimmter Begriffe zu setzen, und diese dadurch zu verdrehen und zu verunstalten. Denn daß ich selbst dieser meiner Theorie den Namen eines transscendentalen Idealisms gegeben habe, kan keinen berechtigen, ihn mit dem empirischen Idealism des Cartes (wiewol dieser nur eine Aufgabe war, wegen deren Unauflöslichkeit es, nach Cartesens Mehnung, jedermann frey stand, die Existenz der cörperlichen Welt zu verneinen, weil sie niemals genugthuend beantwortet werden könte,) oder mit dem mystischen und schwärmerischen des Berkley (wowider und andre ähnliche Hirngespinste unsre Critik vielmehr das eigentliche Gegenmittel enthält) zu verwechseln. Denn dieser von mir sogenannte Idealism betraf nicht die Existenz der Sachen, (die Bezweifelung derselben aber macht eigentlich den Idealism in recipirter Bedeutung aus) denn die zu bezweifeln, ist mir niemals in den Sinn gekommen, sondern blos die sinnliche Vorstellung der Sachen, dazu Raum und Zeit zuoberst gehören, und von diesen, mithin überhaupt von allen Erscheinungen, habe ich nur gezeigt: daß sie nicht Sachen, (sondern blosse Vor-
stell-

stellungsarten) auch nicht den Sachen an sich selbst angehörige Bestimmungen sind. Das Wort transscendental aber, welches bey mir niemals eine Beziehung unserer Erkentniß auf Dinge, sondern nur aufs Erkentnißvermögen bedeutet, sollte diese Misdeutung verhüten. Ehe sie aber denselben doch noch fernerhin veranlasse, nehme ich diese Benennung lieber zurück und will ihn den critischen genannt wissen. Wenn es aber ein in der That verwerflicher Idealism ist, wirkliche Sachen, (nicht Erscheinungen) in bloße Vorstellungen zu verwandeln, mit welchem Namen will man denjenigen benennen, der umgekehrt bloße Vorstellungen zu Sachen macht? Ich denke, man könne ihn den träumenden Idealism nennen, zum Unterschiede von dem vorigen, der der schwärmende heißen mag, welche beyde durch meinen, sonst sogenannten transscendentalen, besser critischen Idealism haben abgehalten werden sollen.

Der transscendentalen Hauptfrage
Zweyter Theil.
Wie ist reine Naturwissenschaft möglich?

§. 14.

Natur ist das Daseyn der Dinge, so fern es nach allgemeinen Gesetzen bestimmt ist. Sollte Natur das Daseyn der Dinge an sich selbst bedeuten, so würden wir sie niemals, weder a priori noch a posteriori, erkennen kön-

können. Nicht a priori, denn wie wollen wir wissen, was den Dingen an sich selbst zukomme, da dieses niemals durch Zergliederung unserer Begriffe (analytische Sätze) geschehen kan, weil ich nicht wissen will, was in meinem Begriffe von einem Dinge enthalten sey, denn das gehört zu seinem logischen Wesen) sondern was in der Wirklichkeit des Dinges zu diesem Begrif hinzukomme, und wodurch das Ding selbst in seinem Daseyn ausser meinem Begriffe bestimmt sey. Mein Verstand, und die Bedingungen, unter denen er allein die Bestimmungen der Dinge in ihrem Daseyn verknüpfen kan, schreibt den Dingen selbst keine Regel vor; diese richten sich nicht nach meinem Verstande, sondern mein Verstand müßte sich nach ihnen richten; sie müßten also mir vorher gegeben seyn, um diese Bestimmungen von ihnen abzunehmen, alsdenn aber wären sie nicht a priori erkant.

Auch a posteriori wäre eine solche Erkentniß der Natur der Dinge an sich selbst unmöglich. Denn wenn mich Erfahrung Gesetze, unter denen das Daseyn der Dinge steht, lehren soll, so müßten diese, so fern sie Dinge an sich selbst betreffen, auch ausser meiner Erfahrung ihnen nothwendig zukommen. Nun lehrt mich die Erfahrung zwar, was da sey, und wie es sey, niemals aber, daß es nothwendiger Weise so und nicht anders seyn müsse. Also kan sie die Natur der Dinge an sich selbst niemals lehren.

§. 15.

§. 15.

Nun sind wir gleichwol wirklich im Besitze einer reinen Naturwissenschaft, die a priori und mit aller derjenigen Nothwendigkeit, welche zu apodictischen Sätzen erforderlich ist, Gesetze vorträgt, unter denen die Natur steht. Ich darf hier nur diejenige Propädevtik der Naturlehre, die, unter dem Titel der allgemeinen Naturwissenschaft, vor aller Physik (die auf empirische Principien gegründet ist) vorhergeht, zum Zeugen rufen. Darin findet man Mathematik, angewandt auf Erscheinungen, auch blos discursive Grundsätze (aus Begriffen), welche den philosophischen Theil der reinen Naturerkentniß ausmachen. Allein es ist doch auch manches in ihr, was nicht ganz rein und von Erfahrungsquellen unabhängig ist: als der Begrif der Bewegung, der Undurchdringlichkeit (worauf der empirische Begrif der Materie beruht), der Trägheit u. a. m. welche es verhindern, daß sie nicht ganz reine Naturwissenschaft heissen kan; zudem geht sie nur auf die Gegenstände äusserer Sinne, also giebt sie kein Beyspiel von einer allgemeinen Naturwissenschaft in strenger Bedeutung, denn die muß die Natur überhaupt, sie mag den Gegenstand äusserer Sinne oder den des innern Sinnes (den Gegenstand der Physik sowol als Psychologie) betreffen, unter allgemeine Gesetze bringen. Es finden sich aber unter den Grundsätzen jener allgemeinen Physik etliche, die wirklich die Allgemeinheit haben, die wir verlangen, als der Satz: daß die Substanz bleibt und beharrt, daß alles, was geschieht, jederzeit durch eine Ursache nach beständigen Gesetzen vorher bestimmt sey, u. s. w. Diese sind wirklich allgemeine Naturgesetze, die völlig a priori bestehen. Es giebt also in der That eine reine Naturwissenschaft, und nun ist die Frage: wie ist sie möglich?

§. 16.

Noch nimmt das Wort Natur eine andre Bedeutung an, die nämlich das Object bestimmt, indessen daß in der obigen Bedeutung sie nur die Gesetzmäßigkeit der Bestimmungen des Daseyns der Dinge überhaupt andeutete. Natur also materialiter betrachtet ist der Inbegrif aller Gegenstände der Erfahrung. Mit dieser haben wir es hier nur zu thun, da ohnedem Dinge, die niemals Gegenstände einer Erfahrung werden können, wenn sie nach ihrer Natur erkant werden sollten, uns zu Begriffen nöthigen würden, deren Bedeutung niemals in concreto (in irgend einem Beyspiele einer möglichen Erfahrung) gegeben werden könte, und von dessen Natur wir uns also lauter Begriffe machen müßten, deren Realität, d. i. ob sie wirklich sich auf Gegenstände beziehen, oder blosse Gedankendinge sind, gar nicht entschieden werden könte. Was nicht ein Gegenstand der Erfahrung seyn kan, dessen Erkentniß wäre hyperphysisch, und mit dergleichen haben wir hier gar nicht zu thun, sondern mit der Naturerkentniß, deren Realität durch Erfahrung bestättigt werden kan, ob

sie

sie gleich a priori möglich ist, und vor aller Erfahrung vorhergeht.

§. 17.

Das Formale der Natur in dieser engern Bedeutung ist also die Gesetzmässigkeit aller Gegenstände der Erfahrung, und, sofern sie a priori erkant wird, die nothwendige Gesetzmässigkeit derselben. Es ist aber oben dargethan: daß die Gesetze der Natur an Gegenständen, so fern sie nicht in Beziehung auf mögliche Erfahrung, sondern als Dinge an sich selbst betrachtet werden, niemals a priori können erkant werden. Wir haben es aber hier auch nicht mit Dingen an sich selbst (dieser ihre Eigenschaften lassen wir dahin gestellt seyn) sondern blos mit Dingen, als Gegenständen einer möglichen Erfahrung zu thun, und der Inbegrif derselben ist es eigentlich, was wir hier Natur nennen. Und nun frage ich, ob, wenn von der Möglichkeit einer Naturerkentniß a priori die Rede ist, es besser sey, die Aufgabe so einzurichten: wie ist die nothwendige Gesetzmässigkeit der Dinge als Gegenstände der Erfahrung, oder: wie ist die nothwendige Gesetzmässigkeit der Erfahrung selbst in Ansehung aller ihrer Gegenstände überhaupt a priori zu erkennen möglich?

Beym Lichte besehen, wird die Auflösung der Frage, sie mag auf die eine oder die andre Art vorgestellt seyn, in Ansehung der reinen Naturerkentniß (die eigentlich den

Punct

Punct der Quästion ausmacht) ganz und gar auf einerley hinauslaufen. Denn die subjectiven Gesetze, unter denen allein eine Erfahrungserkentniß von Dingen möglich ist, gelten auch von diesen Dingen, als Gegenständen einer möglichen Erfahrung, (freylich aber nicht von ihnen als Dingen an sich selbst, dergleichen aber hier auch in keine Betrachtung kommen). Es ist gänzlich einerley, ob ich sage: ohne das Gesetz, daß, wenn eine Begebenheit wahrgenommen wird, sie jederzeit auf etwas, was vorhergeht, bezogen werde, worauf sie nach einer allgemeinen Regel folgt, kan niemals ein Wahrnehmungsurtheil vor Erfahrung gelten; oder ob ich mich so ausdrücke: alles, wovon die Erfahrung lehrt, daß es geschieht, muß eine Ursache haben.

Es ist indessen doch schicklicher, die erstere Formel zu wählen. Denn da wir wohl a priori und vor allen gegebenen Gegenständen eine Erkentniß derjenigen Bedingungen haben können, unter denen allein eine Erfahrung in Ansehung ihrer möglich ist, niemals aber, welchen Gesetzen sie, ohne Beziehung auf mögliche Erfahrung an sich selbst unterworfen seyn mögen, so werden wir die Natur der Dinge a priori nicht anders studiren können, als daß wir die Bedingungen und allgemeine (obgleich subjective) Gesetze erforschen, unter denen allein ein solches Erkentniß, als Erfahrung, (der blossen Form nach) möglich ist, und darnach die Möglichkeit der Dinge, als Gegenstände der Erfahrung bestimmen; denn, würde ich die zwerte Art des Ausdrucks wählen, und die Bedingungen a priori

suchen,

ſuchen, unter denen Natur als Gegenſtand der Erfahrung möglich iſt, ſo würde ich leichtlich in Misverſtand gerathen können, und mir einbilden, ich hätte von der Natur als einem Dinge an ſich ſelbſt zu reden, und da würde ich fruchtlos in endloſen Bemühungen herumgetrieben werden, vor Dinge, von denen mir nichts gegeben iſt, Geſetze zu ſuchen.

Wir werden es alſo hier blos mit der Erfahrung und den allgemeinen und a priori gegebenen Bedingungen ihrer Möglichkeit zu thun haben, und daraus die Natur, als den ganzen Gegenſtand aller möglichen Erfahrung, beſtimmen. Ich denke, man werde mich verſtehen: daß ich hier nicht die Regeln der Beobachtung einer Natur, die ſchon gegeben iſt, verſtehe, die ſetzen ſchon Erfahrung voraus, alſo nicht, wie wir (durch Erfahrung) der Natur die Geſetze ablernen können, denn dieſe wären alsdenn nicht Geſetze a priori, und gäben keine reine Naturwiſſenſchaft, ſondern wie die Bedingungen a priori von der Möglichkeit der Erfahrung zugleich die Quellen ſind, aus denen alle allgemeine Naturgeſetze hergeleitet werden müſſen.

§. 18.

Wir müſſen denn alſo zuerſt bemerken: daß, obgleich alle Erfahrungsurtheile empiriſch ſeyn, d. i. ihren Grund in der unmittelbaren Wahrnehmung der Sinne haben, dennoch nicht umgekehrt alle empiriſche Urtheile darum Erfahrungsurtheile ſind, ſondern, daß über das Empiriſche,

und

und überhaupt über das der sinnlichen Anschauung gegebene, noch besondere Begriffe hinzukommen müssen, die ihren Ursprung gänzlich a priori im reinen Verstande haben, unter die jede Wahrnehmung allererst subsumirt und dann vermittelst derselben in Erfahrung kan verwandelt werden.

Empirische Urtheile, so fern sie objective Gültigkeit haben, sind Erfahrungsurtheile; die aber, so nur sjectiv gültig sind, nenne ich bloße Wahrnehmungsurtheile. Die letztern bedürfen keines reinen Verstandesbegrifs, sondern nur der logischen Verknüpfung der Wahrnehmung in einem denkenden Subject. Die erstern aber erfordern jederzeit, über die Vorstellungen der sinnlichen Anschauung, noch besondere im Verstande ursprünglich erzeugte Begriffe, welche es eben machen, daß das Erfahrungsurtheil objectiv gültig ist.

Alle unsere Urtheile sind zuerst bloße Wahrnehmungsurtheile, sie gelten blos vor uns, d. i vor unser Subject, und nur hinten nach geben wir ihnen eine neue Beziehung, nämlich auf ein Object, und wollen, daß es auch vor uns jederzeit und eben so vor jedermann gültig seyn solle; denn wenn ein Urtheil mit einem Gegenstande übereinstimmt, so müssen alle Urtheile über denselben Gegenstand auch unter einander übereinstimmen, und so bedeutet die objective Gültigkeit des Erfahrungsurtheils nichts anders, als die nothwendige Allgemeingültigkeit desselben. Aber auch umgekehrt, wenn wir Ursache finden, ein Urtheil

theil vor nothwendig allgemeingültig zu halten (welches niemals auf der Wahrnehmung, sondern dem reinen Verstandesbegriffe beruht, unter dem die Wahrnehmung subsumirt ist), so müssen wir es auch vor objectiv halten, d. i. daß es nicht blos eine Beziehung der Wahrnehmung auf ein Subject, sondern eine Beschaffenheit des Gegenstandes ausdrücke; denn es wäre kein Grund, warum anderer Urtheile nothwendig mit dem meinigen übereinstimmen müßten, wenn es nicht die Einheit des Gegenstandes wäre, auf den sie sich alle beziehen, mit dem sie übereinstimmen, und daher auch alle unter einander zusammenstimmen müssen.

§. 19.

Es sind daher objective Gültigkeit und nothwendige Allgemeingültigkeit (vor jedermann) Wechselbegriffe, und ob wir gleich das Object an sich nicht kennen, so ist doch, wenn wir ein Urtheil als gemeingültig und mithin nothwendig ansehen, eben darunter die objective Gültigkeit verstanden. Wir erkennen durch dieses Urtheil das Object, (wenn es auch sonst, wie es an sich selbst seyn möchte, unbekant bliebe,) durch die allgemeingültige und nothwendige Verknüpfung der gegebenen Wahrnehmungen, und da dieses der Fall von allen Gegenständen der Sinne ist, so werden Erfahrungsurtheile ihre objective Gültigkeit nicht von der unmittelbaren Erkentniß des Gegenstandes, (denn diese ist unmöglich) sondern blos von der Bedingung der Allgemeingültigkeit der empirischen Urtheile entlehnen,

die,

die, wie gesagt, niemals auf den empirischen, ja überhaupt sinnlichen Bedingungen, sondern auf einem reinen Verstandesbegriffe beruht. Das Object bleibt an sich selbst immer unbekant; wenn aber durch den Verstandesbegrif die Verknüpfung der Vorstellungen, die unsrer Sinnlichkeit von ihm gegeben sind, als allgemeingültig bestimmt wird, so wird der Gegenstand durch dieses Verhältniß bestimmt, und das Urtheil ist objectiv.

Wir wollen dieses erläutern: daß das Zimmer warm, der Zucker süß, der Wermuth widrig sey*), sind blos subjectiv gültige Urtheile. Ich verlange gar nicht, daß ich es jederzeit, oder jeder andrer es eben so, wie ich, finden soll, sie drücken nur eine Beziehung zweener Empfindungen auf dasselbe Subject, nemlich mich selbst, und auch nur in meinem diesmaligen Zustande der Wahrnehmung aus, und sollen daher auch nicht vom Objecte gelten; dergleichen nenne ich Wahrnehmungsurtheile. Eine ganz andere Bewandniß hat es mit dem Erfahrungsurtheile. Was die

---

*) Ich gestehe gern, daß diese Beyspiele nicht solche Wahrnehmungsurtheile vorstellen, die jemals Erfahrungsurtheile werden könten, wenn man auch einen Verstandesbegrif hinzu thäte, weil sie sich blos aufs Gefühl, welches jedermann als subjectiv erkent und welches also niemals dem Object beygelegt werden darf, beziehen, und also auch niemals objectiv werden können; ich wollte nur vor der Hand ein Beyspiel von dem Urtheile geben, was blos subjectiv gültig ist, und in sich keinen Grund zur nothwendigen Allgemeingültigkeit und dadurch zu einer Beziehung aufs Object enthält. Ein Beyspiel der Wahrnehmungsurtheile, die durch hinzugesetzten Verstandesbegrif Erfahrungsurtheile werden, folgt in der nächsten Anmerkung.

die Erfahrung unter gewissen Umständen mich lehrt, muß sie mich jederzeit und auch jedermann lehren, und die Gültigkeit derselben schränkt sich nicht auf das Subject oder seinen damaligen Zustand ein. Daher spreche ich alle dergleichen Urtheile als objectiv gültige aus, als z. B. wenn ich sage, die Luft ist elastisch, so ist dieses Urtheil zunächst nur ein Wahrnehmungsurtheil, ich beziehe zwey Empfindungen in meinen Sinnen nur auf einander. Will ich, es soll Erfahrungsurtheil heissen, so verlange ich, daß diese Verknüpfung unter einer Bedingung stehe, welche sie allgemein gültig macht. Ich will also, daß ich jederzeit, und auch jedermann dieselbe Wahrnehmung unter denselben Umständen nothwendig verbinden müsse.

§. 20.

Wir werden daher Erfahrung überhaupt zergliedern müssen, um zu sehen, was in diesem Product der Sinne und des Verstandes enthalten, und wie das Erfahrungsurtheil selbst möglich sey. Zum Grunde liegt die Anschauung, deren ich mir bewußt bin, d. i. Wahrnehmung (perceptio), die blos den Sinnen angehört. Aber zweytens gehört auch dazu das Urtheilen (das blos dem Verstande zukömmt). Dieses Urtheilen kan nun zwiefach seyn: erstlich, indem ich blos die Wahrnehmungen vergleiche, und in einem Bewußtseyn meines Zustandes, oder zweytens, da ich sie in einem Bewußtseyn überhaupt verbinde. Das erstere Urtheil ist blos

F   ein

ein Wahrnehmungsurtheil, und hat so fern nur subjective Gültigkeit, es ist blos Verknüpfung der Wahrnehmungen in meinem Gemüthszustande, ohne Beziehung auf den Gegenstand. Daher ist es nicht, wie man gemeiniglich sich einbildet, zur Erfahrung gnug, Wahrnehmungen zu vergleichen, und in einem Bewustseyn vermittelst des Urtheilens zu verknüpfen; dadurch entspringt keine Allgemeingültigkeit und Nothwendigkeit des Urtheils, um deren willen es allein objectiv gültig und Erfahrung seyn kan.

Es geht also noch ein ganz anderes Urtheil voraus, ehe aus Wahrnehmung Erfahrung werden kan. Die gegebene Anschauung muß unter einem Begrif subsumirt werden, der die Form des Urtheilens überhaupt in Ansehung der Anschauung bestimmt, das empirische Bewustseyn der letzteren in einem Bewustseyn überhaupt verknüpft, und dadurch den empirischen Urtheilen Allgemeingültigkeit verschaft; dergleichen Begrif ist ein reiner Verstandesbegrif a priori, welcher nichts thut, als blos einer Anschauung die Art überhaupt zu bestimmen, wie sie zu Urtheilen dienen kan. Es sey ein solcher Begrif der Begrif der Ursache, so bestimmt er die Anschauung, die unter ihm subsumirt ist, z. B. die der Luft in Ansehung des Urtheilens überhaupt, nämlich daß der Begrif der Luft in Ansehung der Ausspannung in dem Verhältniß des Antecedens zum Consequens in einem hypothetischen Urtheile diene. Der Begrif der Ursache ist also ein reiner Verstandesbegrif, der von aller

und

möglichen Wahrnehmung gänzlich unterschieden ist, und nur dazu dient, diejenige Vorstellung, die unter ihm enthalten ist, in Ansehung des Urtheilens überhaupt zu bestimmen, mithin ein allgemeingültiges Urtheil möglich zu machen.

Nun wird, ehe aus einem Wahrnehmungsurtheil ein Urtheil der Erfahrung werden kan, zuerst erfordert: daß die Wahrnehmung unter einem dergleichen Verstandesbegriffe subsumirt werde; z. B. die Luft gehört unter den Begrif der Ursachen, welcher das Urtheil über dieselbe in Ansehung der Ausdehnung als hypothetisch bestimt.*) Dadurch wird nun nicht diese Ausdehnung, als blos zu meiner Wahrnehmung der Luft in meinem Zustande, oder in mehrern meiner Zustände, oder in dem Zustande der Wahrnehmung anderer gehörig, sondern als dazu nothwendig gehörig, vorgestellt, und dies Urtheil, die Luft ist elastisch, wird allgemeingültig, und dadurch allererst Erfahrungsurtheil, daß gewisse Urtheile vorhergehen, die die Anschauung der Luft unter den Begrif der Ursache und

F 2   Wirk-

*) Um ein leichter einzusehendes Beyspiel zu haben, nehme man folgendes. Wenn die Sonne den Stein bescheint, so wird er warm. Dieses Urtheil ist ein blosses Wahrnehmungsurtheil, und enthält keine Nothwendigkeit, ich mag dieses noch so oft und andere auch noch so oft wahrgenommen haben; die Wahrnehmungen finden sich nur gewöhnlich so verbunden. Sage ich aber, die Sonne erwärme den Stein, so komt über die Wahrnehmung noch der Verstandesbegrif der Ursache hinzu, der mit dem Begrif des Sonnenscheins den der Wärme nothwendig verknüpft und das synthetische Urtheil wird nothwendig allgemeingültig, folglich objectiv und aus einer Wahrnehmung in Erfahrung verwandelt.

Wirkung subsumiren, und dadurch die Wahrnehmungen nicht blos respective auf einander in meinem Subjecte, sondern in Ansehung der Form des Urtheilens überhaupt (hier der hypothetischen) bestimmen, und auf solche Art das empirische Urtheil allgemeingültig machen.

Zergliedert man alle seine synthetische Urtheile, so fern sie objectiv gelten, so findet man, daß sie niemals aus blossen Anschauungen bestehen, die blos, wie man gemeiniglich dafür hält, durch Vergleichung in ein Urtheil verknüpft worden, sondern daß sie unmöglich seyn würden, wäre nicht über die von der Anschauung abgezogene Begriffe noch ein reiner Verstandesbegrif hinzugekommen, unter dem jene Begriffe subsumirt, und so allererst in einem objectiv gültigen Urtheile verknüpft worden. Selbst die Urtheile der reinen Mathematik in ihren einfachsten Axiomen sind von dieser Bedingung nicht ausgenommen. Der Grundsatz: die gerade Linie ist die kürzeste zwischen zweyen Puncten, setzt voraus, daß die Linie unter den Begrif der Grösse subsumirt werde, welcher gewiß keine blosse Anschauung ist, sondern lediglich im Verstande seinen Sitz hat, und dazu dient, die Anschauung (der Linie) in Absicht auf die Urtheile, die von ihr gefället werden mögen, in Ansehung der Quantität derselben, nämlich der Vielheit (als iudicia plurativa) *) zu bestimmen, indem unter ihnen verstanden wird, daß in

ein-

---

*) So wollte ich lieber die Urtheile genannt wissen, die man in der Logik particularia nennt. Denn der letztere Ausdruck ent-

einer gegebenen Anschauung vieles gleichartige enthalten sey.

§. 21.

Um nun also die Möglichkeit der Erfahrung, so ferne sie auf reinen Verstandesbegriffen a priori beruht, darzulegen, müssen wir zuvor das, was zum Urtheilen überhaupt gehört, und die verschiedene Momente des Verstandes in denselben, in einer vollständigen Tafel vorstellen; denn die reinen Verstandesbegriffe, die nichts weiter sind, als Begriffe von Anschauungen überhaupt, so fern diese in Ansehung eines oder des andern dieser Momente zu Urtheilen an sich selbst, mithin nothwendig und allgemeingültig bestimmt sind, werden ihnen ganz genau parallel ausfallen. Hiedurch werden auch die Grundsätze a priori der Möglichkeit aller Erfahrung, als einer objectiv gültigen empirischen Erkentniß, ganz genau bestimmt werden. Denn sie sind nichts anders, als Sätze, welche alle Wahrnehmung (gemäß gewissen allgemeinen Bedingungen der Anschauung) unter jene reine Verstandesbegriffe subsumiren.

enthält schon den Gedanken, daß sie nicht allgemein sind. Wenn ich aber von der Einheit (in einzelnen Urtheilen) anhebe und so zur Allheit fortgehe, so kan ich noch keine Beziehung auf die Allheit beymischen; ich denke nur die Vielheit ohne Allheit, nicht die Ausnahme von derselben. Dieses ist nöthig, wenn die logische Momente den reinen Verstandesbegriffen untergelegt werden sollen; im logischen Gebrauche kan man es beym Alten lassen.

Logische Tafel
der Urtheile.

1.
Der Quantität nach
Allgemeine,
Besondere
Einzelne

2.
Der Qualität nach
Bejahende
Verneinende
Unendliche

3.
Der Relation nach
Categorische
Hypothetische
Disjunctive

4.
Der Modalität nach
Problematische
Assertorische
Apodictische

Transscendentale Tafel
der Verstandesbegriffe.

1.
Der Quantität nach
Einheit (das Maas)
Vielheit (die Grösse)
Allheit (das Ganz)

2.
Der Qualität
Realität
Negation
Einschränkung

3.
Der Relation
Substanz
Ursache
Gemeinschaft

4.
Der Modalität
Möglichkeit
Daseyn
Nothwendigkeit

Reine physiologische Tafel
allgemeiner Grundsätze der Naturwissenschaft.

1.
Axiomen
der Anschauung

2.
Anticipationen
der Wahrnehmung

3.
Analogien
der Erfahrung

4.
Postulate
des empirischen Denkens
überhaupt.

§. 21.

Um alles bisherige in einen Begrif zusammenzufassen, ist zuvörderst nöthig die Leser zu erinnern: daß hier nicht von dem Entstehen der Erfahrung die Rede sey, sondern von dem, was in ihr liegt. Das erstere gehört zur empirischen Psychologie, und würde selbst auch da, ohne das zweyte, welches zur Kritik der Erkentniß und besonders des Verstandes gehört, niemals gehörig entwickelt werden können.

Erfahrung besteht aus Anschauungen, die der Sinnlichkeit angehören, und aus Urtheilen, die lediglich ein Geschäfte des Verstandes sind. Diejenige Urtheile aber, die der Verstand lediglich aus sinnlichen Anschauungen macht, sind noch bey weitem nicht Erfahrungsurtheile. Denn in einem Fall würde das Urtheil nur die Wahrnehmungen verknüpfen, so wie sie in der sinnlichen Anschauung gegeben seyn, in dem letztern Falle aber sollen die Urtheile sagen, was Erfahrung überhaupt, mithin nicht was die blosse Wahrnehmung, deren Gültigkeit blos subjectiv ist, enthält. Das Erfahrungsurtheil muß also noch über die sinnliche Anschauung und die logische Verknüpfung derselben (nachdem sie durch Vergleichung allgemein gemacht worden) in einem Urtheile etwas hinzufügen, was das synthetische Urtheil als nothwendig und hierdurch als allgemeingültig bestimmt, und dieses kan nichts anders seyn, als derjenige Begrif, der die Anschauung in Ansehung einer Form des Urtheils vielmehr als der andere, als an sich

sich bestimmt, vorstellt, die ein Begrif von derjenigen synthetischen Einheit der Anschauungen, die nur durch eine gegebene logische Function der Urtheile vorgestellt werden kan.

§. 22.

Die Summe hievon ist diese: Die Sache der Sinne ist, anzuschauen; die des Verstandes, zu denken. Denken aber ist Vorstellungen in einem Bewustseyn vereinigen. Diese Vereinigung entsteht entweder blos relativ aufs Subject, und ist zufällig und subjectiv, oder sie findet schlechthin statt, und ist nothwendig oder objectiv. Die Vereinigung der Vorstellungen in einem Bewustseyn ist das Urtheil. Also ist Denken so viel, als Urtheilen, oder Vorstellungen auf Urtheile überhaupt beziehen. Daher sind Urtheile entweder blos subjectiv, wenn Vorstellungen auf ein Bewustseyn in einem Subject allein bezogen und in ihm vereinigt werden, oder sie sind objectiv, wenn sie in einem Bewustseyn überhaupt d. i. darin nothwendig vereinigt werden. Die logischen Momente aller Urtheile sind so viel mögliche Arten, Vorstellungen in einem Bewustseyn zu vereinigen. Dienen aber eben dieselben als Begriffe, so sind sie Begriffe von der nothwendigen Vereinigung derselben in einem Bewustseyn, mithin Principien objectiv gültiger Urtheile. Diese Vereinigung in einem Bewustseyn ist entweder analytisch, durch die Identität, oder synthetisch, durch die Zusammensetzung und Hinzukunft verschiedener Vorstellungen zu einander. Erfahrung

ung besteht in der synthetischen Verknüpfung der Erscheinungen, (Wahrnehmungen) in einem Bewustseyn, so fern dieselbe nothwendig ist. Daher sind reine Verstandesbegriffe diejenige, unter denen alle Wahrnehmungen zuvor müssen subsumirt werden, ehe sie zu Erfahrungsurtheilen dienen können, in welchen die synthetische Einheit der Wahrnehmungen als nothwendig und gültig vorgestellt wird. *)

§. 23.

Urtheile, so fern sie blos als die Bedingung der Vereinigung gegebener Vorstellungen in einem Bewustseyn betrachtet werden, sind Regeln. Diese Regeln, so fern sie die Vereinigung als nothwendig vorstellen, sind Regeln a priori, und sofern keine über sie sind, von denen sie abgeleitet werden, Grundsätze. Da nun in Ansehung

---

*) Wie bestimmt aber dieser Satz: daß Erfahrungsurtheile Nothwendigkeit in der Synthesis der Wahrnehmungen enthalten sollen, mit meinem oben vielfältig eingeschärften Satze: daß Erfahrung, als Erkenntniß a posteriori, blos zufällige Urtheile geben könne? Wenn ich sage, Erfahrung lehrt mir etwas, so meine ich jederzeit nur die Wahrnehmung, die in ihr liegt, z. B daß auf die Beleuchtung des Steins durch die Sonne jederzeit Wärme folge, und also ist der Erfahrungssatz sofern allemal zufällig. Daß diese Erwärmung nothwendig aus der Beleuchtung durch die Sonne erfolge, ist zwar in dem Erfahrungsurtheile (vermöge des Begrifs der Ursache) enthalten, aber das lerne ich nicht durch Erfahrung, sondern umgekehrt, Erfahrung wird allererst durch diesen Zusatz des Verstandesbegrifs (der Ursache) zur Wahrnehmung, erzeugt. Wie die Wahrnehmung zu diesem Zusatze komme, darüber muß die Critik im Abschnitte von der transc. Urtheilskraft, Seite 137. u. f. nachgesehen werden.

sehung der Möglichkeit aller Erfahrung, wenn man an ihr blos die Form des Denkens betrachtet, keine Bedingungen der Erfahrungsurtheile über diejenige sind, welche die Erscheinungen, nach der verschiedenen Form ihrer Anschauung, unter reine Verstandesbegriffe bringen, die das empirische Urtheil objectiv-gültig machen, so sind diese die Grundsätze a priori möglicher Er̶̶̶̶̶̶̶̶̶̶̶̶̶̶̶̶̶̶.

Die Grundsätze möglicher Erfahrung sind nun zugleich allgemeine Gesetze der Natur, welche a priori erkant werden können. Und so ist die Aufgabe, die in unserer vorliegenden zweyten Frage liegt: Wie ist reine Vernunftwissenschaft möglich? aufgelöset. Denn das Systematische, was zur Form einer Wissenschaft erfodert wird, ist hier vollkommen anzutreffen, weil über die genannte formale Bedingungen aller Urtheile überhaupt, mithin aller Regeln überhaupt, die die Logik darbietet, keine mehr möglich sind, und diese ein logisches System, die darauf gegründeten Begriffe aber, welche die Bedingungen a priori zu allen synthetischen und nothwendigen Urtheilen erhalten, eben darum ein transscendentales, endlich die Grundsätze, vermittelst deren alle Erscheinungen unter diese Begriffe subsumirt werden, ein physiologisches d. i. ein Natursystem ausmachen, welches vor aller empirischen Naturerkentniß vorhergeht, diese zuerst möglich macht, und daher die eigentliche allgemeine und reine Naturwissenschaft genannt werden kan.

§. 24.

§. 24.

Das erste*) jener physiologischen Grundsätze subsumirt alle Erscheinungen, als Anschauungen im Raum und Zeit, unter den Begrif der Grösse, und ist so fern ein Principium der Anwendung der Mathematik auf Erfahrung. Das zweyte subsumirt das eigentlich Empirische, nämlich die Empfindung, die das Reale der Anschauungen bezeichnet, nicht geradezu unter den Begrif der Grösse, weil Empfindung keine Anschauung ist, die Raum oder Zeit enthielte, ob sie gleich den ihr correspondirenden Gegenstand in beyde setzt; allein es ist zwischen Realität (Empfindungsvorstellung) und der Null d. i. dem gänzlich leeren der Anschauung in der Zeit, doch ein Unterschied, der eine Grösse hat, da nämlich zwischen einem jeden gegebenen Grade Licht und der Finsterniß, zwischen einem jeden Grade Wärme und der gänzlichen Kälte, jedem Grad der Schwere und der absoluten Leichtigkeit, jedem Grade der Erfüllung des Raumes und dem völlig leeren Raume, immer noch kleinere Grade gedacht werden können, so wie selbst zwischen einem Bewustseyn und dem völligen Unbewustseyn (psychologischer Dunkelheit) immer noch kleinere stattfinden; daher keine Wahrnehmung möglich ist, welche einen absoluten Mangel bewiese, z. B. keine psychologische Dunkelheit, die nicht als ein Bewustseyn betrachtet

---

*) Diese drey aufeinander folgende Paragraphen werden schwerlich gehörig verstanden werden können, wenn man nicht das, was die Critik über die Grundsätze sagt, dabey zur Hand nimmt; sie können aber den Nutzen haben, das Allgemeine derselben leichter zu übersehen und auf die Hauptmomente Acht zu haben.

tet werden könte, welches nur von anderem stärkeren überwogen wird, und so in allen Fällen der Empfindung, weswegen der Verstand so gar Empfindungen, welche die eigentliche Qualität der empirischen Vorstellungen (Erscheinungen ausmachen, anticipiren kan, vermittelst des Grundsatzes, daß sie alle insgesamt, mithin das Reale aller Erscheinung Grade habe, welches die zweyte Anwendung der ⟨Ma⟩thematik (mathesis intensorum) auf Natur⟨wissensch⟩aft ist.

§. 25.

In Ansehung des Verhältnisses der Erscheinungen, und zwar lediglich in Absicht auf ihr Daseyn, ist die Bestimmung dieses Verhältnisses nicht mathematisch, sondern dynamisch, und niemals objectiv gültig, mithin zu einer Erfahrung tauglich seyn, wenn sie nicht unter Grundsätzen a priori steht, welche die Erfahrungserkentniß in Ansehung derselben allererst möglich machen. Daher müssen Erscheinungen unter den Begrif der Substanz, welcher aller Bestimmung des Daseyns, als ein Begrif vom Dinge selbst, zum Grunde liegt, oder zweytens, so fern eine Zeitfolge unter den Erscheinungen, d. i. eine Begebenheit angetroffen wird, unter den Begrif einer Wirkung in Beziehung auf Ursache, oder, so fern das Zugleichseyn objectiv, d. i. durch ein Erfahrungsurtheil erkant werden soll, unter den Begrif der Gemeinschaft (Wechselwirkung subsumirt werden, und so liegen Grundsätze a priori objectiv gültigen obgleich empirischen Urtheilen

theilen, d. i. der Möglichkeit der Erfahrung, so fern sie Gegenstände dem Daseyn nach in der Natur verknüpfen soll, zum Grunde. Diese Grundsätze sind die eigentlichen Naturgesetze, welche dynamisch heissen können.

Zuletzt gehört auch zu den Erfahrungsurtheilen die Erkentniß der Uebereinstimmung und Verknüpfung, nicht sowohl der Erscheinungen unter einander in der Erfahrung, als vielmehr ihr Verhältniß zur Erfahrung überhaupt, welches entweder ihre Uebereinstimmung mit den formalen Bedingungen, die der Verstand erkennt, oder Zusammenhang mit dem Materialen der Sinne und der Wahrnehmung, oder beyden in einen Begrif vereinigt, folglich Möglichkeit, Wirklichkeit und Nothwendigkeit nach allgemeinen Naturgesetzen enthält, welches die physiologische Methodenlehre (Unterscheidung der Wahrheit und Hypothesen und die Grenzen der Zuverläßigkeit der letzteren) ausmachen würde.

§. 26.

Obgleich die dritte aus der Natur des Verstandes selbst nach critischer Methode gezogene Tafel der Grundsätze eine Vollkommenheit an sich zeigt, darin sie sich weit über jede andre erhebt, die von den Sachen selbst auf dogmatische Weise, obgleich vergeblich, jemals versucht worden ist, oder nur künftig versucht werden mag: nämlich daß sie alle synthetische Grundsätze a priori vollständig und nach einem Princip, nämlich dem Vermögen zu Urtheilen überhaupt, welches das Wesen der

Er-

Erfahrung in Absicht auf den Verstand ausmacht, ausgeführt worden, so daß man gewiß seyn kan, es gebe keine dergleichen Grundsätze mehr, (eine Befriedigung, die die dogmatische Methode niemals verschaffen kan) so ist dieses doch bey weitem noch nicht ihr größtes Verdienst.

Man muß auf dem Beweisgrund Acht geben, der die Möglichkeit dieser Erkentniß a priori entdeckt, und solche Grundsätze zugleich auf eine Bedingung einschränkt, die niemals übersehen werden muß, wenn sie nicht misverstanden und im Gebrauche weiter ausgedehnt werden soll, als der ursprüngliche Sinn, den der Verstand darin legt, es haben will: nämlich, daß sie nur die Bedingungen möglicher Erfahrung überhaupt enthalten, so fern sie Gesetzen a priori unterworfen ist. So sage ich nicht: daß Dinge an sich selbst eine Grösse, ihre Realität einen Grad, ihre Existenz Verknüpfung der Accidenzen in einer Substanz u. s. w. enthalte; denn das kan niemand beweisen, weil eine solche synthetische Verknüpfung aus blossen Begriffen, wo alle Beziehung auf sinnliche Anschauungen einer Seits, und alle Verknüpfung derselben in einer möglichen Erfahrung anderer Seits, mangelt, schlechterdings unmöglich ist. Die wesentliche Einschränkung der Begriffe also in diesen Grundsätzen ist: daß alle Dinge nur als Gegenstände der Erfahrung unter den genannten Bedingungen nothwendig a priori stehen.

Hieraus folgt denn zweytens auch eine specifisch eigenthümliche Beweisart derselben: daß die gedachte Grundsätze auch nicht gradezu auf Erscheinungen und ihr Verhälthältniß, sondern auf die Möglichkeit der Erfahrung, wovon Erscheinungen nur die Materie, nicht aber die Form ausmachen, d. i. auf objectiv- und allgemeingültige synthetische Sätze, worin sich eben Erfahrungsurtheile von blossen Wahrnehmungsurtheilen unterscheiden, bezogen werden. Dieses geschieht dadurch, daß die Erscheinungen als blosse Anschauungen, welche einen Theil von Raum und Zeit einnehmen, unter dem Begrif der Grösse stehen, welcher das Mannigfaltige derselben a priori nach Regeln synthetisch vereinigt, daß, so fern die Wahrnehmung ausser der Anschauung auch Empfindung enthält, zwischen welcher und der Null, d. i. dem völligen Verschwinden derselben, jederzeit ein Uebergang durch Verringerung stattfindet, das Reale der Erscheinungen einen Grad haben müsse, so fern sie nämlich selbst keinen Theil von Raum oder Zeit einnimmt,*) aber doch der Uebergang zu ihr von der leeren Zeit oder Raum nur in der Zeit

---

*) Die Wärme, das Licht ꝛc. sind im kleinen Raume (dem Grade nach) eben so groß, als in einem grossen; eben so die inneren Vorstellungen, der Schmerz, das Bewustseyn überhaupt nicht keiner dem Grade nach, ob sie eine kurze oder lange Zeit hindurch dauren. Daher ist die Grösse hier in einem Puncte und in einem Augenblicke eben so groß als in jedem noch so grossen Raume oder Zeit. Grade sind also grösser, aber nicht in der Anschauung, sondern der blossen Empfindung nach, oder auch die Grösse des Grundes einer Anschauung und können nur durch das Verhältniß von 1 zu 0, d. i. dadurch, daß eine jede derselben durch unendliche Zwischengrade bis zum Verschwinden, oder von der Null durch unendliche Momente des Zuwachses bis zu einer bestimmten Empfindung, in einer gewissen Zeit erwachsen kan, als Grössen geschätzt werden. (Quantitas qualitatis est gradus.)

Zeit möglich ist, mithin, obzwar Empfindung, als die Qualität der empirischen Anschauung, in Ansehung dessen, worin sie sich specifisch von andern Empfindungen unterscheidet, niemals a priori erkant werden kan, sie dennoch in einer möglichen Erfahrung überhaupt, als Grösse der Wahrnehmung intensiv von jeder andern gleichartigen unterschieden werden könne; woraus denn die Anwendung der Mathematik auf Natur, in Ansehung der sinnlichen Anschauung, durch welche sie uns gegeben wird, zuerst möglich gemacht, und bestimmt wird.

Am meisten aber muß der Leser auf die Beweisart der Grundsätze, die unter dem Namen der Analogien der Erfahrung vorkommen, aufmerksam seyn. Denn weil diese nicht, so wie die Grundsätze der Anwendung der Mathematik auf Naturwissenschaft überhaupt, die Erzeugung der Anschauungen, sondern die Verknüpfung ihres Daseyns in einer Erfahrung betreffen, diese aber nicht anders, als die Bestimmung der Existenz in der Zeit nach nothwendigen Gesetzen seyn kan, unter denen sie allein objectiv-gültig, mithin Erfahrung ist: so geht der Beweis nicht auf die synthetische Einheit in der Verknüpfung der Dinge an sich selbst, sondern der Wahrnehmungen, und zwar dieser nicht in Ansehung ihres Inhalts, sondern der Zeitbestimmung und des Verhältnisses des Daseyns in ihr, nach allgemeinen Gesetzen. Diese allgemeinen Gesetze enthalten also die Nothwendigkeit der Bestimmung des Daseyns in der Zeit überhaupt (folglich nach einer Regel
des

des Verſtandes a priori) wenn die empiriſche Beſtimmung in der relativen Zeit objectiv-gültig, mithin Erfahrung ſeyn ſoll. Mehr kan ich hier als in Prolegomenen nicht anführen, als nur, daß ich dem Leſer, welcher in der langen Gewohnheit ſteckt, Erfahrung vor eine blos empiriſche Zuſammenſetzung der Wahrnehmungen zu halten, und daher daran gar nicht denkt, daß ſie viel weiter geht, als dieſe reichen, nämlich empiriſchen Urtheilen Allgemeingültigkeit giebt und dazu einer reinen Verſtandeseinheit bedarf, die a priori vorhergeht, empfehle: auf dieſen Unterſchied der Erfahrung von einem bloſſen Aggregat von Wahrnehmungen wohl Acht zu haben, und aus dieſem Geſichtspuncte die Beweisart zu beurtheilen.

§. 27.

Hier iſt nun der Ort, den Humiſchen Zweifel aus dem Grunde zu heben. Er behauptete mit Recht: daß wir die Möglichkeit der Cauſſalität, d. i. der Beziehung des Daſeyns eines Dinges auf das Daſeyn von irgend etwas anderem, was durch jenes nothwendig geſetzt werde, durch Vernunft auf keine Weiſe einſehen. Ich ſetze noch hinzu, daß wir eben ſo wenig den Begrif der Subſiſtenz d. i. der Nothwendigkeit darin einſehen, daß dem Daſeyn der Dinge ein Subject zum Grunde liege, das ſelbſt kein Prädicat von irgend einem anderen Dinge ſeyn könne, ja ſogar, daß wir uns keinen Begrif von der Möglichkeit eines ſolchen Dinges

G

machen

machen können, (obgleich wir in der Erfahrung Bey⸗
spiele seines Gebrauchs aufzeigen können) imgleichen,
daß eben diese Unbegreiflichkeit auch die Gemeinschaft
der Dinge betreffe, indem gar nicht einzusehen ist, wie
aus dem Zustande eines Dinges eine Folge auf den Zu⸗
stand ganz anderer Dinge ausser ihm, und so wechsel⸗
seitig, könne gezogen werden, und wie Substanzen,
deren jede doch ihre eigene abgesonderte Existenz hat, von
einander und zwar nothwendig abhängen sollen. Gleich⸗
wol bin ich weit davon entfernet, diese Begriffe als
blos aus der Erfahrung entlehnt, und die Nothwen⸗
digkeit, die in ihnen vorgestellt wird, als angedichtet,
und vor blossen Schein zu halten, den uns eine lange
Gewohnheit vorspiegelt; vielmehr habe ich hinreichend
gezeigt, daß sie und die Grundsäze aus denselben a priori
vor aller Erfahrung fest stehen, und ihre ungezweifelte
objective Richtigkeit, aber freylich nur in Ansehung der
Erfahrung haben.

§. 28.

Ob ich also gleich von einer solchen Verknüpfung der
Dinge an sich selbst, wie sie als Substanz existiren, oder als
Ursache wirken, oder mit andern (als Theile eines realen
Ganzen) in Gemeinschaft stehen können, nicht den min⸗
desten Begrif habe, noch weniger aber dergleichen Eigen⸗
schaften an Erscheinungen als Erscheinungen denken kan
(weil jene Begriffe nichts, was in den Erscheinungen liegt,
sondern, was der Verstand allein denken muß, enthalten,)
so haben wir doch von einer solchen Verknüpfung der Vor⸗
stel⸗

stellungen in unserm Verstande, und zwar in Urtheilen überhaupt, einen dergleichen Begrif, nämlich: daß Vorstellungen in einer Art Urtheile als Subject in Beziehung auf Prädicate, in einer anderen als Grund in Beziehung auf Folge, und in einer dritten als Theile, die zusammen ein ganzes mögliches Erkentniß ausmachen, gehören. Ferner erkennen wir a priori: daß ohne die Vorstellung eines Objects in Ansehung einer oder der andern dieser Momente als bestimmt anzusehen, wir gar keine Erkentniß, die von dem Gegenstande gelte, haben könten, und, wenn wir uns mit dem Gegenstande an sich selbst beschäftigten, so wäre kein einziges Merkmal möglich, woran ich erkennen könte, daß es in Ansehung eines oder des andern gedachter Momente bestimmt sey, d. i. unter den Begrif der Substanz, oder der Ursache, oder (im Verhältniß gegen andere Substanzen) unter den Begrif der Gemeinschaft gehöre; denn von der Möglichkeit einer solchen Verknüpfung des Daseyns habe ich keinen Begrif. Es ist aber auch die Frage nicht, wie Dinge an sich, sondern, wie Erfahrungserkentniß der Dinge in Ansehung gedachter Momente der Urtheile überhaupt bestimmt sey, d. i. wie Dinge, als Gegenstände der Erfahrung, unter jene Verstandesbegriffe können und sollen subsumirt werden. Und da ist es klar: daß ich nicht allein die Möglichkeit, sondern auch die Nothwendigkeit, alle Erscheinungen unter die Begriffe zu subsumiren, d. i. sie zu Grundsätzen der Möglichkeit der Erfahrung zu brauchen, vollkommen einsehe.

G 2 §. 29.

§. 29.

Um einen Verſuch an Humes problematiſchem Begrif (dieſem ſeinem crux metaphyſicorum), nämlich dem Begriffe der Urſache, zu machen, ſo iſt mir erſtlich vermittelſt der Logik die Form eines bedingten Urtheils überhaupt, nämlich, ein gegebenes Erkentniß als Grund, und das andere als Folge zu gebrauchen, a priori gegeben. Es iſt aber möglich, daß in der Wahrnehmung eine Regel des Verhältniſſes angetroffen wird, die da ſagt: daß auf eine gewiſſe Erſcheinung eine andere, (obgleich nicht umgekehrt) beſtändig folgt, und dieſes iſt ein Fall, mich des hypothetiſchen Urtheils zu bedienen, und z. B. zu ſagen, wenn ein Körper lange gnug von der Sonne beſchienen iſt, ſo wird er warm. Hier iſt nun freylich noch nicht eine Nothwendigkeit der Verknüpfung, mithin der Begrif der Urſache. Allein ich fahre fort, und ſage: wenn obiger Satz, der blos eine ſubjective Verknüpfung der Wahrnehmungen iſt, ein Erfahrungsſatz ſeyn ſoll, ſo muß er als nothwendig und allgemeingültig angeſehen werden. Ein ſolcher Satz aber würde ſeyn: Sonne iſt durch ihr Licht die Urſache der Wärme. Die obige empiriſche Regel wird nunmehr als Geſetz angeſehen, und zwar nicht als geltend blos von Erſcheinungen, ſondern von ihnen zum Behuf einer möglichen Erfahrung, welche durchgängig und alſo nothwendig gültige Regeln bedarf. Ich ſehe alſo den Begrif der Urſache, als einen zur bloſſen Form der Erfahrung nothwendig gehörigen Begrif, und deſſen

Mög-

Möglichkeit als einer synthetischen Vereinigung der Wahrnehmungen in einem Bewußtseyn überhaupt, sehr wohl ein; die Möglichkeit eines Dinges überhaupt aber, als einer Ursache, sehe ich gar nicht ein, und zwar darum, weil der Begrif der Ursache ganz und gar keine den Dingen, sondern nur der Erfahrung anhängende Bedingung andeutet, nämlich, daß diese nur eine objectiv-gültige Erkentniß von Erscheinungen und ihrer Zeitfolge seyn könne, so fern die vorhergehende mit der nachfolgenden nach der Regel hypothetischer Urtheile verbunden werden kan.

§. 30.

Daher haben auch die reinen Verstandesbegriffe ganz und gar keine Bedeutung, wenn sie von Gegenständen der Erfahrung abgehen und auf Dinge an sich selbst (noumena) bezogen werden wollen. Sie dienen gleichsam nur, Erscheinungen zu buchstabiren, um sie als Erfahrung lesen zu können; die Grundsätze, die aus der Beziehung derselben auf die Sinnenwelt entspringen, dienen nur unserm Verstande zum Erfahrungsgebrauch; weiter hinaus sind es willführliche Verbindungen, ohne objective Realität, deren Möglichkeit man weder a priori erkennen, noch ihre Beziehung auf Gegenstände durch irgend ein Beyspiel bestättigen, oder nur verständlich machen kan, weil alle Beyspiele nur aus irgend einer möglichen Erfahrung entlehnt, mithin auch die Gegenstände jener Begriffe nirgend anders, als in einer möglichen Erfahrung angetroffen werden können.

Diese vollständige, obzwar wider die Vermuthung des Urhebers ausfallende Auflösung des Humischen Problems rettet also den reinen Verstandesbegriffen ihren Ursprung a priori, und den allgemeinen Naturgesetzen ihre Gültigkeit, als Gesetzen des Verstandes, doch so, daß sie ihren Gebrauch nur auf Erfahrung einschränkt, darum, weil ihre Möglichkeit blos in der Beziehung des Verstandes auf Erfahrung ihren Grund hat: nicht aber so, daß sie sich von Erfahrung, sondern daß Erfahrung sich von ihnen ableitet, welche ganz umgekehrte Art der Verknüpfung Hume sich niemals einfallen ließ.

Hieraus fließt nun folgendes Resultat aller bisherigen Nachforschungen: „Alle synthetische Grundsätze a priori sind nichts weiter, als Principien möglicher Erfahrung,„ und können niemals auf Dinge an sich selbst, sondern nur auf Erscheinungen, als Gegenstände der Erfahrung, bezogen werden. Daher auch reine Mathematik sowol als reine Naturwissenschaft niemals auf irgend etwas mehr als blosse Erscheinungen gehen können, und nur das vorstellen, was entweder Erfahrung überhaupt möglich macht, oder was, indem es aus diesen Principien abgeleitet ist, jederzeit in irgend einer möglichen Erfahrung muß vorgestellt werden können.

§. 31.

Und so hat man denn einmal etwas bestimmtes, und woran man sich bey allen metaphysischen Unternehmungen,

die bisher, kühn gnug, aber jederzeit blind, über alles ohne Unterschied gegangen sind, halten kan. Dogmatische Denker haben sich es niemals einfallen lassen, daß das Ziel ihrer Bemühungen so kurz sollte ausgesteckt werden, und selbst diejenigen nicht, die, trotzig auf ihre vermeinte gesunde Vernunft, mit zwar rechtmäßigen und natürlichen, aber zum bloßen Erfahrungsgebrauch bestimmten Begriffen und Grundsätzen der reinen Vernunft auf Einsichten ausgingen, vor die sie keine bestimmte Grenzen kanten, noch kennen konten, weil sie über die Natur und selbst die Möglichkeit eines solchen reinen Verstandes niemals entweder nachgedacht hatten oder nachzudenken vermochten.

Mancher Naturalist der reinen Vernunft (darunter ich den verstehe, welcher sich zutraut, ohne alle Wissenschaft in Sachen der Metaphysik zu entscheiden) möchte wohl vorgeben, er habe das, was hier mit so viel Zurüstung, oder, wenn er lieber will, mit weitschweifigem pedantischen Pompe vorgetragen worden, schon längst durch den Wahrsagergeist seiner gesunden Vernunft nicht blos vermuthet, sondern auch gewußt und eingesehen: „daß wir nämlich mit aller unserer Vernunft über das Feld der Erfahrungen nie hinaus kommen können.„ Allein da er doch, wenn man ihm seine Vernunftprincipien allmählich abfrägt, gestehen muß, daß darunter viele sind, die er nicht aus Erfahrung geschöpft hat, die also von dieser unabhängig und a priori gültig sind, wie und mit welchen Gründen will er denn den Dogmatiker und sich selbst in Schranken halten, der dieser Begriffe und Grundsätze über alle mögliche Erfahrung hinaus bedient, darum eben weil sie unabhängig von dieser erkant werden? Und selbst er, dieser Adept der gesunden Vernunft, ist so sicher nicht, ungeachtet aller seiner angemaßten wohlfeil erworbenen Weisheit, unvermerkt über Gegenstände der Erfahrung hinaus in das Feld der Hirngespinste zu gerathen. Auch ist er gemeiniglich tief genug drin verwickelt, ob er zwar durch die populaire Sprache, da er alles blos vor Wahrscheinlichkeit, vernünftige Vermuthungen oder Analogie ausgiebt, seinen grundlosen Ansprüchen einigen Anstrich giebt.

§. 32.

Schon von den ältesten Zeiten der Philosophie her, haben sich Forscher der reinen Vernunft, ausser den Sinnenwesen oder Erscheinungen, (phaenomena) die die Sinnenwelt ausmachen, noch besondere Verstandeswesen, (noumena) welche eine Verstandeswelt ausmachen sollten, gedacht, und da sie (welches einem noch unausgebildeten Zeitalter wohl zu verzeihen war) Erscheinung und Schein vor einerley hielten, den Verstandeswesen allein Wirklichkeit zugestanden.

In der That, wenn wir die Gegenstände der Sinne, wie billig, als bloße Erscheinungen ansehen, so gestehen wir hiedurch doch zugleich, daß ihnen ein Ding an sich selbst zum Grunde liege, ob wir dasselbe gleich nicht, wie es an sich beschaffen sey, sondern nur seine Erscheinung, d. i.

die

die Art, wie unsre Sinnen von diesem unbekanten Etwas afficirt werden, kennen. Der Verstand also, eben dadurch, daß er Erscheinungen annimmt, gesteht auch das Daseyn von Dingen an sich selbst zu, und so fern können wir sagen, daß die Vorstellung solcher Wesen, die den Erscheinungen zum Grunde liegen, mithin blosser Verstandeswesen nicht allein zulässig, sondern auch unvermeidlich sey.

Unsere critische Deduction schließt dergleichen Dinge (Noumena) auch keinesweges aus, sondern schränkt vielmehr die Grundsätze der Aesthetik dahin ein, daß sie sich ja nicht auf alle Dinge erstrecken sollen, wodurch alles in blosse Erscheinung verwandelt werden würde, sondern daß sie nur von Gegenständen einer möglichen Erfahrung gelten sollen. Also werden hiedurch Verstandeswesen zugelassen, nur mit Einschärfung dieser Regel, die gar keine Ausnahme leidet: daß wir von diesen reinen Verstandeswesen ganz und gar nichts bestimmtes wissen, noch wissen können, weil unsere reine Verstandesbegriffe sowol als reine Anschauungen auf nichts als Gegenstände möglicher Erfahrung, mithin auf blosse Sinnenwesen gehen, und, so bald man von diesen abgeht, jenen Begriffen nicht die mindeste Bedeutung mehr übrig bleibt.

§. 33.

Es ist in der That mit unseren reinen Verstandesbegriffen etwas verfängliches, in Ansehung der Anlockung zu einem transscendenten Gebrauch; denn so nenne ich denje=

jenigen, der über alle mögliche Erfahrung hinausgeht. Nicht allein, daß unsere Begriffe der Substanz, der Kraft, der Handlung, der Realität ꝛc. ganz von der Erfahrung unabhängig sind, imgleichen gar keine Erscheinung der Sinne enthalten, also in der That auf Dinge an sich selbst (noumena) zu gehen scheinen, sondern, was diese Vermuthung noch bestärkt, sie enthalten eine Nothwendigkeit der Bestimmung in sich, der die Erfahrung niemals gleich kommt. Der Begrif der Ursache enthält eine Regel, nach der aus einem Zustande ein anderer nothwendiger Weise folgt; aber die Erfahrung kan uns nur zeigen, daß oft, und wenn es hoch kommt, gemeiniglich auf einen Zustand der Dinge ein anderer folge, und kan also weder strenge Allgemeinheit, noch Nothwendigkeit verschaffen ꝛc.

Daher scheinen Verstandesbegriffe viel mehr Bedeutung und Inhalt zu haben, als daß der blosse Erfahrungsgebrauch ihre ganze Bestimmung erschöpfte, und so baut sich der Verstand unvermerkt an das Haus der Erfahrung noch ein viel weitläuftigeres Nebengebäude an, welches er mit lauter Gedankenwesen anfüllt, ohne es einmal zu merken, daß er sich mit seinen sonst richtigen Begriffen über die Grenzen ihres Gebrauchs verstiegen habe.

§. 34.

Es waren also zwey wichtige, ja ganz unentbehrliche, obzwar äusserst trockene Untersuchungen nöthig, welche Crit. Seite 137 ꝛc. und 235 ꝛc. angestellt werden, durch deren

er-

erstere gezeigt wurde, daß die Sinne nicht die reinen Verstandesbegriffe in concreto, sondern nur das Schema zum Gebrauche derselben an die Hand geben, und der ihm gemässe Gegenstand, nur in der Erfahrung (als dem Producte des Verstandes aus Materialien der Sinnlichkeit) angetroffen werde. In der zwenten Untersuchung (Crit. S. 235 wird gezeigt: daß unueachtet der Unabhängigkeit unsrer reinen Verstandesbegriffe und Grundsätze von Erfahrung, ja selbst ihrem scheinbarlich grösseren Umfange des Gebrauchs, dennoch durch dieselbe, ausser dem Felde der Erfahrung, gar nichts gedacht werden könne, weil sie nichts thun können, als blos die logische Form des Urtheils in Ansehung gegebener Anschauungen bestimmen; da es aber über das Feld der Sinnlichkeit hinaus ganz und gar keine Anschauung giebt, jenen reinen Begriffen es ganz und gar an Bedeutung fehle, indem sie durch kein Mittel in concreto können dargestellt werden, folglich alle solche Noumena, zusamt dem Inbegrif derselben, einer intelligibeln *) Welt, nichts als Vorstellungen einer Aufgabe

---

*) Nicht (wie man sich gemeiniglich ausdrückt) intellectuellen Welt. Denn intellectuell sind die Erkentnisse durch den Verstand, und dergleichen gehen auch auf unsere Sinnenwelt; intelligibel aber heissen Gegenstände, so fern sie blos durch den Verstand vorgestellt werden können und auf die keine unserer sinnlichen Anschauungen gehen kan. Da aber doch jedem Gegenstande irgend eine mögliche Anschauung entsprechen muß, so würde man sich einen Verstand denken müssen, der unmittelbar Dinge anschauete; von einem solchen aber haben wir nicht den mindesten Begrif, mithin auch nicht von den Verstandeswesen, auf die er gehen soll.

gabe sind, deren Gegenstand an sich wohl möglich, deren Auflösung aber, nach der Natur unseres Verstandes, gänzlich unmöglich ist, indem unser Verstand kein Vermögen der Anschauung, sondern blos der Verknüpfung gegebener Anschauungen in einer Erfahrung ist, und daß diese daher alle Gegenstände vor unsere Begriffe enthalten müsse, ausser ihr aber alle Begriffe, da ihnen keine Anschauung unterlegt werden kan, ohne Bedeutung seyn werden.

§. 35.

Es kan der Einbildungskraft vielleicht verziehen werden, wenn sie bisweilen schwärmt, d. i. sich nicht behutsam innerhalb den Schranken der Erfahrung hält, denn wenigstens wird sie durch einen solchen freyen Schwung belebt und gestärkt, und es wird immer leichter seyn, ihre Kühnheit zu mässigen, als ihrer Mattigkeit aufzuhelfen. Daß aber der Verstand, der denken soll, an dessen statt schwärmt, das kan ihm niemals verziehen werden; denn auf ihm beruht allein alle Hülfe, um der Schwärmerey der Einbildungskraft, wo es nöthig ist, Grenzen zu setzen.

Er fängt es aber hiemit sehr unschuldig und sittsam an. Zuerst bringt er die Elementarerkentnisse, die ihm vor aller Erfahrung beywohnen, aber dennoch in der Erfahrung immer ihre Anwendung haben müssen, ins Reine. Allmählig läßt er diese Schranken weg, und was sollte ihn auch daran hindern, da der Verstand ganz frey seine

Grundſätze aus ſich ſelbſt genommen hat? und nun geht es zuerſt auf neu erdachte Kräfte in der Natur, bald hernach auf Weſen auſſerhalb der Natur, mit einem Wort auf eine Welt, zu deren Einrichtung es uns an Bauzeug nicht fehlen kan, weil es durch fruchtbare Erdichtung reichlich herbeygeſchafft, und durch Erfahrung zwar nicht beſtättigt, aber auch niemals widerlegt wird. Das iſt auch die Urſache, weswegen junge Denker Metaphyſik in ächter dogmatiſcher Manier ſo lieben, und ihr oft ihre Zeit und ihr ſonſt brauchbares Talent aufopfern.

Es kan aber gar nichts helfen, jene fruchtloſe Verſuche der reinen Vernunft durch allerley Erinnerungen wegen der Schwierigkeit der Auflöſung ſo tief verborgener Fragen, Klagen über die Schranken unſerer Vernunft, und Herabſetzung der Behauptungen auf bloſſe Muthmaſſungen, mäſſigen zu wollen. Denn wenn die Unmöglichkeit derſelben nicht deutlich dargethan worden, und die Selbſterkentniß der Vernunft nicht wahre Wiſſenſchaft wird, worin das Feld ihres richtigen von dem ihres nichtigen und fruchtloſen Gebrauchs, ſo zu ſagen, mit geometriſcher Gewißheit unterſchieden wird, ſo werden jene eitle Beſtrebungen niemals völlig abgeſtellt werden.

§. 36.
Wie iſt Natur ſelbſt möglich?

Dieſe Frage, welche der höchſte Punct iſt, den transſcendentale Philoſophie nur immer berühren mag,

und

und zu welchem sie auch, als ihrer Grenze und Vollendung, geführt werden muß, enthält eigentlich zwey Fragen.

Erstlich: Wie ist Natur in materieller Bedeutung, nämlich der Anschauung nach, als der Inbegrif der Erscheinungen, wie ist Raum, Zeit, und das, was beyde erfüllt, der Gegenstand der Empfindung, überhaupt möglich? Die Antwort ist: vermittelst der Beschaffenheit unserer Sinnlichkeit, nach welcher sie, auf die ihr eigenthümliche Art, von Gegenständen, die ihr an sich selbst unbekant, und von jenen Erscheinungen ganz unterschieden sind, gerührt wird. Diese Beantwortung ist, in dem Buche selbst, in der transscendentalen Aesthetik, hier aber in den Prolegomenen durch die Auflösung der ersten Hauptfrage, gegeben worden.

Zweytens: Wie ist Natur in formeller Bedeutung, als der Inbegrif der Regeln, unter denen alle Erscheinungen stehen müssen, wenn sie in einer Erfahrung als verknüpft gedacht werden sollen, möglich? Die Antwort kan nicht anders ausfallen, als: sie ist nur möglich vermittelst der Beschaffenheit unseres Verstandes, nach welcher alle jene Vorstellungen der Sinnlichkeit auf ein Bewustseyn nothwendig bezogen werden, und wodurch allererst die eigenthümliche Art unseres Denkens, nämlich durch Regeln, und vermittelst dieser die Erfahrung, welche von der Einsicht der Objecte an sich selbst ganz zu unterscheiden ist, möglich ist. Diese Beantwortung ist in dem Buche selbst, in der transscendentalen Logik, hier aber

aber in den Prolegomenen, in dem Verlauf der Auflösung der zweyten Hauptfrage gegeben worden.

Wie aber diese eigenthümliche Eigenschaft unsrer Sinnlichkeit selbst, oder die unseres Verstandes und der ihm und allem Denken zum Grunde liegenden nothwendigen Apperception, möglich sey, läßt sich nicht weiter auflösen und beantworten, weil wir ihrer zu aller Beantwortung und zu allem Denken der Gegenstände immer wieder nöthig haben.

Es sind viele Gesetze der Natur, die wir nur vermittelst der Erfahrung wissen können, aber die Gesetzmässigkeit in Verknüpfung der Erscheinungen, d. i. die Natur überhaupt, können wir durch keine Erfahrung kennen lernen, weil Erfahrung selbst solcher Gesetze bedarf, die ihrer Möglichkeit a priori zum Grunde liegen.

Die Möglichkeit der Erfahrung überhaupt ist also zugleich das allgemeine Gesetz der Natur, und die Grundsätze der erstern sind selbst die Gesetze der letztern. Denn wir kennen Natur nicht anders, als den Inbegrif der Erscheinungen d. i. der Vorstellungen in uns, und können daher das Gesetz ihrer Verknüpfung nirgend anders, als von den Grundsätzen der Verknüpfung derselben in uns, d. i. den Bedingungen der nothwendigen Vereinigung in einem Bewustseyn, welche die Möglichkeit der Erfahrung ausmacht, hernehmen.

Selbst der Hauptsatz, der durch diesen ganzen Abschnitt ausgeführt worden, daß allgemeine Naturgeseße a priori erkant werden können, führt schon von selbst auf den Saß: daß die oberste Geseßgebung der Natur in uns selbst, d. i. in unserm Verstande liegen müsse, und daß wir die allgemeinen Geseße derselben nicht von der Natur vermittelst der Erfahrung, sondern umgekehrt, die Natur ihrer allgemeinen Geseßmäßigkeit nach, blos aus den in unserer Sinnlichkeit und dem Verstande liegenden Bedingungen der Möglichkeit der Erfahrung suchen müssen; denn wie wäre es sonst möglich, diese Geseße, da sie nicht etwa Regeln der analytischen Erkentniß, sondern wahrhafte synthetische Erweiterungen derselben sind, a priori zu kennen? Eine solche und zwar nothwendige Uebereinstimmung der Principien möglicher Erfahrung mit den Geseßen der Möglichkeit der Natur, kan nur aus zweyerley Ursachen stattfinden: entweder diese Geseße werden von der Natur vermittelst der Erfahrung entlehnt, oder umgekehrt die Natur wird von den Geseßen der Möglichkeit der Erfahrung überhaupt abgeleitet, und ist mit der bloßen allgemeinen Geseßmäßigkeit der leßtern völlig einerley. Das erstere widerspricht sich selbst, denn die allgemeinen Naturgeseße können und müssen a priori (d. i. unabhängig von aller Erfahrung) erkant, und allem empirischen Gebrauche des Verstandes zum Grunde gelegt werden, also bleibt nur das zweyte übrig *)

Wir

---

*) Crusius allein wußte einen Mittelweg: daß nämlich ein Geist, der nicht irren noch betriegen kan, uns diese Naturgeseße ursprünglich eingepflanzt habe. Allein, da sich doch oft auch trüglichs Grundsäße einmischen, wovon das System dieses Man-

Wir müssen aber empirische Gesetze der Natur, die jederzeit besondere Wahrnehmungen vorauszusetzen, von den reinen, oder allgemeinen Naturgesetzen, welche, ohne daß besondere Wahrnehmungen zum Grunde liegen, blos die Bedingungen ihrer nothwendigen Vereinigung in einer Erfahrung enthalten, unterscheiden, und in Ansehung der letztern ist Natur und mögliche Erfahrung ganz und gar einerley, und, da in dieser die Gesetzmäßigkeit auf der nothwendigen Verknüpfung der Erscheinungen in einer Erfahrung (ohne welche wir ganz und gar keinen Gegenstand der Sinnenwelt erkennen können) mithin auf den ursprünglichen Gesetzen des Verstandes beruht, so klingt es zwar anfangs befremdlich, ist aber nichts desto weniger gewiß, wenn ich in Ansehung der letztern sage: der Verstand schöpft seine Gesetze (a priori) nicht aus der Natur, sondern schreibt sie dieser vor.

§. 37.

Wir wollen diesen dem Anscheine nach gewagten Satz durch ein Beyspiel erläutern, welches zeigen soll: daß Gesetze, die wir an Gegenständen der sinnlichen Anschauung entdecken, vornemlich wenn sie als nothwendig er-

nes selbst nicht wenig Beyspiele giebt, so sieht es bey dem Mangel sicherer Criterien, den ächten Ursprung von dem unächten zu unterscheiden, mit dem Gebrauche eines solchen Grundsatzes sehr mißlich aus, indem man niemals sicher wissen kan, was der Geist der Wahrheit oder der Vater der Lügen uns eingeflößt haben möge.

H

erkannt worden, von uns selbst schon vor solche gehalten werden, die der Verstand hinein gelegt, ob sie gleich den Naturgesetzen, die wir der Erfahrung zuschreiben, sonst in allen Stücken ähnlich sind.

§. 38.

Wenn man die Eigenschaften des Cirkels betrachtet, dadurch diese Figur so manche willkührliche Bestimmungen, des Raums in ihr, so fort in einer allgemeinen Regel vereinigt, so kan man nicht umhin, diesem geometrischen Dinge eine Natur beyzulegen. So theilen sich nämlich zwey Linien, die sich einander und zugleich den Cirkel schneiden, nach welchem Ohngefähr sie auch gezogen werden, doch jederzeit so regelmässig: daß das Rectangel aus den Stücken einer jeden Linie dem der andern gleich ist. Nun frage ich, „liegt dieses Gesetz im Cirkel, oder liegt es im Verstande,„ d. i. enthält diese Figur, unabhängig vom Verstande, den Grund dieses Gesetzes in sich, oder legt der Verstand, indem er nach seinen Begriffen (nämlich der Gleichheit der Halbmesser) die Figur selbst construirt hat, zugleich das Gesetz der einander in geometrischer Proportion schneidenden Sehnen in dieselbe hinein? Man wird bald gewahr, wenn man den Beweisen dieses Gesetzes nachgeht, daß es allein von der Bedingung, die der Verstand der Construction dieser Figur zum Grunde legte, nämlich der Gleichheit der Halbmesser könne abgeleitet werden. Erweitern wir diesen Begrif nun, die Einheit mannigfaltiger

tiger Eigenschaften geometrischer Figuren unter gemeinschaftlichen Gesetzen noch weiter zu verfolgen, und betrachten den Cirkel als einen Kegelschnitt, der also mit andern Kegelschnitten unter eben denselben Grundbedingungen der Construction steht, so finden wir, daß alle Sehnen, die sich innerhalb der letztern, der Ellipse, der Parabel und Hyperbel schneiden, es jederzeit so thun, daß die Rectangel aus ihren Theilen zwar nicht gleich, aber doch immer in gleichen Verhältnissen gegen einander stehen. Gehen wir von da noch weiter, nämlich zu den Grundlehren der physischen Astronomie, so zeigt sich ein über die ganze materielle Natur verbreitetes physisches Gesetz der wechselseitigen Attraction, deren Regel ist, daß sie umgekehrt mit dem Quadrat der Entfernungen von jedem anziehenden Punct eben so abnehmen, wie die Kugelflächen, in die sich diese Kraft verbreitet, zunehmen, welches als nothwendig in der Natur der Dinge selbst zu liegen scheint, und daher auch als a priori erkennbar vorgetragen zu werden pflegt. So einfach nun auch die Quellen dieses Gesetzes seyn, indem sie blos auf dem Verhältnisse der Kugelfläche von verschiedenen Halbmessern beruhen, so ist doch die Folge davon so vortreflich in Ansehung der Mannigfaltigkeit ihrer Zusammenstimmung und Regelmässigkeit derselben, daß nicht allein alle mögliche Bahnen der Himmelscörper in Kegelschnitten, sondern auch ein solches Verhältniß derselben unter einander erfolgt, daß kein ander Gesetz der Attraction, als das des umgekehrten Quadratverhältnisses der Entfernungen zu einem Weltſyſtem als ſchicklich erdacht werden kan.

Hier iſt alſo Natur, die auf Geſetzen beruht, welche der Verſtand a priori erkent, und zwar vornemlich aus allgemeinen Principien der Beſtimmung des Raums. Nun frage ich: liegen dieſe Naturgeſetze im Raume, und lernt ſie der Verſtand, indem er den reichhaltigen Sinn, der in jenem liegt, blos zu erforſchen ſucht, oder liegen ſie im Verſtande und in der Art, wie dieſer den Raum nach den Bedingungen der ſynthetiſchen Einheit, darauf ſeine Begriffe insgeſamt auslaufen, beſtimmt. Der Raum iſt etwas ſo gleichförmiges und in Anſehung aller beſondern Eigenſchaften ſo unbeſtimmtes, daß man ihm gewiß keinen Schatz von Naturgeſetzen ſuchen wird. Dagegen iſt das, was den Raum zur Cirkelgeſtalt, der Figur des Kegels und der Kugel beſtimmt, der Verſtand, ſo fern er den Grund der Einheit der Konſtruction derſelben enthält. Die bloſſe allgemeine Form der Anſchauung, die Raum heißt, iſt alſo wohl das Subſtratum aller auf beſondere Objecte beſtimmbaren Anſchauungen, und in jenem liegt freylich die Bedingung der Möglichkeit und Mannigfaltigkeit der letztern; aber die Einheit der Objecte wird doch lediglich durch den Verſtand beſtimmt, und zwar nach Bedingungen, die in ſeiner eigenen Natur liegen, und ſo iſt der Verſtand der Urſprung der allgemeinen Ordnung der Natur, indem er alle Erſcheinungen unter ſeine eigene Geſetze faßt, und dadurch allererſt Erfahrung (ihrer Form nach)

nach) a priori zu Stande bringt, vermöge deren alles, was nur durch Erfahrung erkant werden soll, seinen Gesetzen nothwendig unterworfen wird. Denn wir haben es nicht mit der Natur der Dinge an sich selbst zu thun, die ist sowol von Bedingungen unserer Sinnlichkeit als des Verstandes unabhängig, sondern mit der Natur, als einem Gegenstande möglicher Erfahrung und da macht es der Verstand, indem er diese möglich macht, zugleich, daß Sinnenwelt entweder gar kein Gegenstand der Erfahrung oder eine Natur ist.

§. 39.
Anhang
zur
reinen Naturwissenschaft
von dem
System der Categorien.

Es kan einem Philosophen nichts erwünschter seyn, als wenn er das Mannigfaltige der Begriffe oder Grundsätze, die sich ihm vorher durch den Gebrauch, den er von ihnen in concreto gemacht hatte, zerstreut dargestellt hatten, aus einem Princip a priori ableiten, und alles auf solche Weise in eine Erkentniß vereinigen kan. Vorher glaubte er nur, daß, was ihm nach einer gewissen Abstraction übrig blieb, und, durch Vergleichung unter einander, eine besondere Art von Erkentnissen auszumachen

schlen,

schien, vollständig gesammlet sey, aber es war nur ein Aggregat; jetzt weiß er, daß gerade nur so viel, nicht mehr, nicht weniger, die Erkentnißart ausmachen könne, und sahe die Nothwendigkeit seiner Eintheilung ein, welches ein Begreifen ist, und nun hat er allererst ein System.

Aus dem gemeinen Erkentnisse die Begriffe heraussuchen, welche gar keine besondere Erfahrung zum Grunde liegen haben, und gleichwol in aller Erfahrungserkentniß vorkommen, von der sie gleichsam die blosse Form der Verknüpfung ausmachen, setzte kein grösseres Nachdenken, oder mehr Einsicht voraus, als aus einer Sprache Regeln des wirklichen Gebrauchs der Wörter überhaupt heraussuchen, und so Elemente zu einer Grammatik zusammentragen (in der That sind beyde Untersuchungen einander auch sehr nahe verwandt,) ohne doch eben Grund angeben zu können, warum eine jede Sprache gerade diese und keine andere formale Beschaffenheit habe, noch weniger aber, daß gerade so viel, nicht mehr noch weniger, solcher formalen Bestimmungen derselben überhaupt angetroffen werden können.

Aristoteles hatte zehn solcher reinen Elementarbegriffe unter dem Namen der Categorien*) zusammengetragen. Diesen, welche auch Prädicamente genennt wurden, sahe er sich hernach genöthigt, noch fünf Postprädicamente beyzufügen **), die doch zum Theil schon in jenem liegen (als

---
*) 1. Substantia. 2. Qualitas. 3. Quantitas. 4. Relatio. 5. Actio. 6. Passio. 7. Quando 8. Ubi. 9. Situs. 10. Habitus
**) Oppositum, Prius, Simul, Motus, Habere.

(als prius, simul, motus); allein diese Rhapsodie konte mehr vor einen Wink vor den künftigen Nachforscher, als vor eine regelmäßig ausgeführte Idee gelten, und Beyfall verdienen, daher sie auch, bey mehrerer Aufklärung der Philosophie, als ganz unnütz verworfen worden.

Bey einer Untersuchung der reinen (nichts Empirisches enthaltenden) Elemente der menschlichen Erkentniß gelang es mir allererst nach langem Nachdenken, die reinen Elementarbegriffe der Sinnlichkeit (Raum und Zeit) von denen des Verstandes mit Zuverläßigkeit zu unterscheiden und abzusondern. Dadurch wurden nun aus jenem Register die 7te, 8te, 9te Categorien ausgeschlossen. Die übrigen konten mir zu nichts nutzen, weil kein Princip vorhanden war, nach welchem der Verstand völlig ausgemessen und alle Functionen desselben, daraus seine reine Begriffe entspringen, vollzählig und mit Präcision bestimmt werden könten.

Um aber ein solches Princip auszufinden, sahe ich mich nach einer Verstandeshandlung um, die alle übrige enthält, und sich nur durch verschiedene Modificationen oder Momente unterscheidet, das Mannigfaltige der Vorstellung unter die Einheit des Denkens überhaupt zu bringen, und da fand ich, diese Verstandeshandlung bestehe im Urtheilen. Hier lag nun schon fertige, obgleich noch nicht ganz von Mängeln freye Arbeit der Logiker vor mir, dadurch ich in den Stand gesetzt wurde, eine vollständige Tafel reiner Verstandesfunctionen, die aber in Ansehung

H 4

alles Objects unbestimmt waren, darzustellen. Ich bezog endlich diese Functionen zu urtheilen auf Objecte überhaupt, oder vielmehr auf die Bedingung, Urtheile als objectivgültig zu bestimmen, und es entsprangen reine Verstandesbegriffe, bey denen ich ausser Zweifel seyn konte, daß gerade nur diese, und ihrer nur so viel, nicht mehr noch weniger, unser ganzes Erkentniß der Dinge aus blossem Verstande ausmachen können. Ich nannte sie, wie billig, nach ihrem alten Namen Categorien; wobey ich mir vorbehielt, alle von diesen abzuleitende Begriffe, es sey durch Verknüpfung unter einander, oder mit der reinen Form der Erscheinung (Raum und Zeit) oder mit ihrer Materie, so fern sie noch nicht empirisch bestimmt ist, (Gegenstand der Empfindung überhaupt) unter der Benennung der Prädicabilien, vollständig hinzuzufügen, so bald ein System der transscendentalen Philosophie, zu deren Behuf ich es jetzt nur mit der Critik der Vernunft selbst zu thun hatte, zu Stande kommen sollte.

Das Wesentliche aber in diesem System der Categorien, dadurch es sich von jener alten Rhapsodie, die ohne alles Princip fortging, unterscheidet, und warum es auch allein zur Philosophie gezählt zu werden verdient, besteht darin: daß vermittelst derselben die wahre Bedeutung der reinen Verstandesbegriffe und die Bedingung ihres Gebrauchs genau bestimmt werden konte. Denn da zeigte sich, daß sie vor sich selbst nichts als logische Functionen sind, als solche aber nicht den mindesten Begriff von einem Objecte an sich selbst ausmachen, sondern es bedürfen, daß
sinn-

sinnliche Anschauung zum Grunde liege, und alsdenn nur dazu dienen, empirische Urtheile, die sonst in Ansehung aller Functionen zu urtheilen unbestimmt und gleichgültig sind, in Ansehung derselben zu bestimmen, ihnen dadurch Allgemeingültigkeit zu verschaffen, und vermittelst ihrer Erfahrungsurtheile überhaupt möglich zu machen.

Von einer solchen Einsicht in die Natur der Categorien, die sie zugleich auf den blossen Erfahrungsgebrauch einschränkte, ließ sich weder ihr erster Urheber, noch irgend einer nach ihm etwas einfallen; aber ohne diese Einsicht (die ganz genau von der Ableitung oder Deduction derselben abhängt) sind sie gänzlich unnütz und ein elendes Namenregister, ohne Erklärung und Regel ihres Gebrauchs. Wäre dergleichen jemals den Alten in den Sinn gekommen, ohne Zweifel das ganze Studium der reinen Vernunfterkentniß, welches unter dem Namen Metaphysik viele Jahrhunderte hindurch so manchen guten Kopf verdorben hat, wäre in ganz anderer Gestalt zu uns gekommen, und hätte den Verstand der Menschen aufgeklärt, anstatt ihn, wie wirklich geschehen ist, in düstern und vergeblichen Grübeleyen zu erschöpfen, und vor wahre Wissenschaft unbrauchbar zu machen.

Dieses System der Categorien macht nun alle Behandlung eines jeden Gegenstandes der reinen Vernunft selbst wiederum systematisch, und giebt eine ungezweifelte Anweisung oder Leitfaden ab, wie und durch welche Puncte der Untersuchung jede metaphysische Betrachtung, wenn sie vollständig werden soll, müsse geführt werden: denn es erschöpft alle Momente des Verstandes, unter welche jeder andere Begrif gebracht werden muß. So ist auch die Tafel der Grundsätze entstanden, von deren Vollständigkeit man nur durch das System der Categorien gewiß seyn kan, und selbst in der Eintheilung der Begriffe, welche über den physiologischen Verstandesgebrauch hinausgehen sollen, (Critik S. 344. imgleichen S. 415.) ist es immer derselbe Leitfaden, der, weil er immer durch dieselbe feste, im menschlichen Verstande a priori bestimmte Puncte geführt werden muß, jederzeit einen geschlossenen Kreis bildet, der keinen Zweifel übrig läßt, daß der Gegenstand eines reinen Verstandes oder Vernunftbegrifs, so fern er philosophisch und nach Grundsätzen a priori erwogen werden soll, auf solche Weise vollständig erkant werden könne. Ich habe sogar nicht unterlassen können, von dieser Leitung in Ansehung einer der abstractesten ontologischen Eintheilungen, nämlich der mannigfaltigen Unterscheidung der Begriffe von Etwas und Nichts Gebrauch zu machen, und darnach eine regelmässige und nothwendige Tafel (Critik S. 292.) zu Stande zu bringen *).

Eben

*) Ueber eine vorgelegte Tafel der Categorien lassen sich allerley artige Anmerkungen machen, als: 1) daß die dritte aus der ersten und zweyten in einen Begrif verbunden entspringe, 2) daß in denen von der Grösse und Qualität blos ein Fortschritt von der Einheit zur Allheit, oder von dem Etwas zum Nichts (zu diesem Behuf müssen die Categorien der Qualität so stehen: Realität, Einschränkung, völlige Negation) fortgehen, ohne correlata oder opposita, dagegen

Eben dieses System zeigt seinen nicht gnug anzupreisenden Gebrauch, so wie jedes auf ein allgemeines Princip gegründetes wahres System, auch darin, daß es alle fremdartige Begriffe, die sich sonst zwischen jene reine Verstandesbegriffe einschleichen möchten, ausstößt, und jedem Erkentniß seine Stelle bestimmt. Diejenigen Begriffe, welche ich unter dem Namen der Reflexionsbegriffe gleichfalls nach dem Leitfaden der Categorien in eine Tafel gebracht hatte, mengen sich in der Ontologie, ohne Vergünstigung und rechtmässige Ansprüche, unter die reinen Verstandesbegriffe, obgleich diese Begriffe der Verknüpfung, und dadurch des Objects selbst, jene aber nur der blossen Vergleichung schon gegebener Begriffe sind, und daher eine ganz andere Natur und Gebrauch haben; durch meine gesetzmässige Eintheilung (Critik S.

gen die der Relation und Modalität diese letztere bey sich führen, 3) daß, so wie im Logischen categorische Urtheile allen andern zum Grunde liegen, so die Categorie der Substanz allen Begriffen von wirklichen Dingen, 4) daß, so wie die Modalität im Urtheile kein besonderes Prädicat ist, so auch die Modelbegriffe keine Bestimmung zu Dingen hinzuthun, u. s w. Dergleichen Betrachtungen alle ihren grossen Nutzen haben. Zählt man überdem alle Prädicabilien auf, die man ziemlich vollständig aus jeder guten Ontologie (z. E. Baumgartens, ziehen kan und ordnet sie classenweise unter die Categorien, wobey man nicht versäumen muß, eine so vollständige Zergliederung aller dieser Begriffe, als möglich, hinzuzufügen, so wird ein blos analytischer Theil der Metaphysik entspringen, der noch gar keinen synthetischen Satz enthält und vor dem zweyten (dem synthetischen) vorhergehen könte, und durch seine Bestimmtheit und Vollständigkeit nicht allein Nutzen, sondern, vermöge des Systematischen in ihm, noch überdem eine gewisse Schönheit enthalten würde.

S. 260.) werden sie aus diesem Gemenge geschieden. Noch viel heller aber leuchtet der Nutzen jener abgesonderten Tafel der Categorien in die Augen, wenn wir, wie es gleich jetzt geschehen wird, die Tafel transscendentaler Vernunftbegriffe, die von ganz anderer Natur und Ursprung sind, als jene Verstandesbegriffe, (daher auch eine andre Form haben muß,) von jenen trennen, welche so nothwendige Absonderung doch niemals in irgend einem System der Metaphysik geschehen ist, jene Vernunftideen mit Verstandesbegriffen, als gehöreten sie, wie Geschwister, zu einer Familie, ohne Unterschied durch einander laufen, welche Vermengung, in Ermangelung eines besondern Systems der Categorien, auch niemals vermieden werden konte.

Der transscendentalen Hauptfrage Dritter Theil.
Wie ist Metaphysik überhaupt möglich?
§. 40.

Reine Mathematik und reine Naturwissenschaft, hätten zum Behuf ihrer eigenen Sicherheit und Gewißheit keiner dergleichen Deduction bedurft, als wir bisher von beyden zu Stande gebracht haben; denn die erstere stützt sich auf ihre eigene Evidenz; die zweyte aber, obgleich aus reinen Quellen des Verstandes entsprungen, dennoch auf Erfahrung und deren durchgängige Bestättigung, welcher letztern Zeugniß sie darum nicht gänzlich ausschlagen und entbehren kan, weil sie mit aller ihrer Gewißheit

den-

dennoch, als Philosophie, es der Mathematik niemals gleich thun kan. Beyde Wissenschaften hatten also die gedachte Untersuchung nicht vor sich, sondern vor eine andere Wissenschaft, nämlich Metaphysik, nöthig.

Metaphysik hat es, ausser mit Naturbegriffen, die in der Erfahrung jederzeit ihre Anwendung finden, noch mit reinen Vernunftbegriffen zu thun, die niemals in irgend einer nur immer möglichen Erfahrung gegeben werden, mithin mit Begriffen, deren objective Realität (daß sie nicht blosse Hirngespinste sind) und mit Behauptungen, deren Wahrheit oder Falschheit durch keine Erfahrung bestättigt, oder aufgedeckt werden kan, und dieser Theil der Metaphysik ist überdem gerade derjenige, welcher den wesentlichen Zweck derselben, wozu alles andre nur Mittel ist, ausmacht, und so bedarf diese Wissenschaft einer solchen Deduction um ihrer selbst willen. Die uns jetzt vorgelegte dritte Frage betrift also gleichsam den Kern und das Eigenthümliche der Metaphysik, nämlich die Beschäftigung der Vernunft blos mit sich selbst, und, indem sie über ihre eigene Begriffe brütet, die unmittelbar daraus vermeintlich entspringende Bekantschaft mit Objecten, ohne dazu der Vermittelung der Erfahrung nöthig zu haben, noch überhaupt durch dieselbe dazu gelangen zu können *).

Ohne

*) Wenn man sagen kan, daß eine Wissenschaft wenigstens in der Idee aller Menschen wirklich sey, so bald es ausgemacht ist, daß die Aufgaben, die darauf führen, durch die Natur der menschlichen Vernunft jedermann vorgelegt, und daher
auch

Ohne Auflösung dieser Frage thut sich Vernunft niemals selbst gnug. Der Erfahrungsgebrauch, auf welchen die Vernunft den reinen Verstand einschränkt, erfüllt nicht ihre eigene ganze Bestimmung. Jede einzelne Erfahrung ist nur ein Theil von der ganzen Sphäre ihres Gebietes, das absolute Ganze aller möglichen Erfahrung ist aber selbst keine Erfahrung, und dennoch ein nothwendiges Problem vor die Vernunft, zu dessen blosser Vorstellung sie ganz anderer Begriffe nöthig hat, als jener reinen Verstandesbegriffe, deren Gebrauch nur immanent ist, d. i. auf Erfahrung geht, so weit sie gegeben werden kan, indessen daß Vernunftbegriffe auf die Vollständigkeit, d. i. die collective Einheit der ganzen möglichen Erfahrung und dadurch über jede gegebne Erfahrung hinausgehen, und transcendent werden.

So wie also der Verstand der Categorien zur Erfahrung bedurfte, so enthält die Vernunft in sich den Grund zur Ideen, worunter ich nothwendige Begriffe verstehe, deren Gegenstand gleichwol in keiner Erfahrung gegeben werden kan. Die letztern sind eben sowol in der Natur der Vernunft, als die erstere in der Natur des Verstandes gelegen, und, wenn jene einen Schein bey sich führen, der leicht verleiten kan, so ist dieser Schein unvermeidlich, obzwar „daß er nicht verführe,„ gar wohl verhütet werden kan.

Da auch jederzeit darüber viele, obgleich fehlerhafte, Versuche unvermeidlich sind, so wird man auch sagen müssen: Metaphysik sey subjective (und zwar nothwendiger Weise) wirklich, und da fragen wir also mit Recht, wie sie (objective) möglich sey.

Da aller Schein darin besteht, daß der subjective Grund des Urtheils vor objectiv gehalten wird, so wird ein Selbsterkentniß der reinen Vernunft, in ihrem transscendenten (überschwenglichen) Gebrauch das einzige Verwahrungsmittel gegen die Verrirrungen seyn, in welche die Vernunft geräth, wenn sie ihre Bestimmung misdeutet, und dasjenige transscendenter Weise aufs Object an sich selbst bezieht, was nur ihr eigenes Subject und die Leitung desselben in allem immanenten Gebrauche angeht.

§. 41.

Die Unterscheidung der **Ideen**, d. i. der reinen Vernunftbegriffe, von den Categorien, oder reinen Verstandesbegriffen, als Erkentnissen von ganz verschiedener Art, Ursprung und Gebrauch, ist ein so wichtiges Stück zur Grundlegung einer Wissenschaft, welche das System aller dieser Erkentnisse a priori enthalten soll, daß, ohne eine solche Absonderung Metaphysik schlechterdings unmöglich oder höchstens ein regelloser stümperhafter Versuch ist, ohne Kentniß der Materialien, womit man sich beschäftigt, und ihrer Tauglichkeit zu dieser oder jener Absicht ein Kartengebäude zusammenzuflicken. Wenn Critik d. r. V. auch nur das allein geleistet hätte, diesen Unterschied zuerst vor Augen zu legen, so hätte sie dadurch schon mehr zur Aufklärung unseres Begrifs und der Leitung der Nachforschung im Felde der Metaphysik beygetragen, als alle fruchtlose Bemühungen der transscendenten Aufgaben

der

der r. V. ein Gnüge zu thun, die man von je her unternommen hat, ohne jemals zu wähnen, daß man sich in einem ganz andern Felde befände, als dem des Verstandes, und daher Verstandes- und Vernunftbegriffe, gleich als ob sie von einerley Art wären, in einem Striche hernannte.

§. 42.

Alle reine Verstandeserkentnisse haben das an sich, daß sich ihre Begriffe in der Erfahrung geben, und ihre Grundsätze durch Erfahrung bestättigen lassen; dagegen die transscendenten Vernunfterkentnisse sich, weder was ihre Ideen betrift, in der Erfahrung geben, noch ihre Sätze jemals durch Erfahrung bestättigen, noch widerlegen lassen; daher der dabey vielleicht einschleichende Irrthum durch nichts anders, als reine Vernunft selbst, aufgedeckt werden kan, welches aber sehr schwer ist, weil eben diese Vernunft vermittelst ihrer Ideen natürlicher Weise dialectisch wird, und dieser unvermeidliche Schein durch keine objective und dogmatische Untersuchungen der Sachen, sondern blos durch subjective, der Vernunft selbst als einem Quell der Ideen, in Schranken gehalten werden kan.

§. 43.

Es ist jederzeit in der Critik mein größtes Augenmerk gewesen, wie ich nicht allein die Erkentnißarten sorgfältig unterscheiden, sondern auch allein zu jeder derselben gehörige Begriffe aus ihrem gemeinschaftlichen Quell ableiten könte,

da-

damit ich nicht allein dadurch, daß ich unterrichtet wäre, woher sie abstammen, ihren Gebrauch mit Sicherheit bestimmen könte, sondern auch den noch nie vermutheten, aber unschätzbaren Vortheil hätte, die Vollständigkeit in der Aufzehlung, Classificirung und Specificirung der Begriffe a priori, mithin nach Principien zu erkennen. Ohne dieses ist in der Metaphysik alles lauter Rhapsodie, wo man niemals weiß, ob dessen, was man besitzt, gnug ist, oder ob, und wo, noch etwas fehlen möge. Freylich kan man diesen Vortheil auch nur in der reinen Philosophie haben, von dieser aber macht derselbe auch das Wesen aus.

Da ich den Ursprung der Categorien in den vier logischen Functionen aller Urtheile des Verstandes gefunden hatte, so war es ganz natürlich, den Ursprung der Ideen in den drey Functionen der Vernunftschlüsse zu suchen; denn wenn einmal solche reine Vernunftbegriffe (transsc. Ideen) gegeben sind, so könten sie, wenn man sie nicht etwa vor angebohren halten will, wohl nirgends anders, als in derselben Vernunfthandlung angetroffen werden, welche, so fern sie blos die Form betrift, das logische der Vernunftschlüsse, so fern sie aber die Verstandesurtheile in Ansehung einer oder der andern Form a priori als bestimmt vorstellt, transscendentale Begriffe der reinen Vernunft ausmacht.

Der formale Unterschied der Vernunftschlüsse macht die Eintheilung derselben in categorische, hypothetische und disjunctive, nothwendig. Die darauf gegründeten Vernunftnunftbegriffe enthalten also erstlich die Idee des vollständigen Subjects (Substantiale), zweytens die Idee der vollständigen Reihe der Bedingungen, drittens die Bestimmung aller Begriffe in der Idee eines vollständigen Inbegriffs des Möglichen.*) Die erste Idee war physiologisch, die zweyte cosmologisch, die dritte theologisch, und, da alle drey zu einer Dialectik Anlaß geben, doch jede auf ihre eigene Art, so gründete sich darauf die Eintheilung der ganzen Dialectik der reinen Vernunft: in den Paralogismus, die Antinomie, und endlich das Ideal derselben, durch welche Ableitung man völlig sicher gestellt wird, daß alle Ansprüche der reinen Vernunft hier ganz vollständig vorgestellt sind, und kein einziger fehlen kan, weil das Vernunftvermögen selbst, als woraus sie allen ihren Ursprung nehmen, dadurch gänzlich ausgemessen wird.

§. 44.

Es ist bey dieser Betrachtung im Allgemeinen noch merkwürdig: daß die Vernunftidee nicht etwa so wie die Ca-

---

*) Im disjunctiven Urtheile betrachten wir alle Möglichkeit, respectiv auf einen gewissen Begrif, als eingetheilt. Das ontologische Princip der durchgängigen Bestimmung eines Dinges überhaupt (von allen möglichen entgegengesetzten Prädicaten kommt jedem Dinge eines zu) welches zugleich das Princip aller disjunctiven Urtheile ist, legt den Inbegrif aller Möglichkeit zum Grunde, in welchem die Möglichkeit jedes Dinges überhaupt als bestimmter angesehen wird. Dieses dient zu einer kleinen Erläuterung des obigen Satzes: daß die Vernunfthandlung in disjunctiven Vernunftschlüssen der Form nach mit derjenigen einerley sey, wodurch sie die Idee eines Inbegrifs aller Realität zu Stande bringt, welche das Positive aller einander entgegengesetzten Prädicate in sich enthalt.

Categorien, uns zum Gebrauche des Verstandes in Ansehung der Erfahrung irgend etwas nutzen, sondern in Ansehung desselben völlig entbehrlich, ja wohl gar den Maximen des Vernunfterkenntnisses der Natur entgegen und hinderlich, gleichwohl aber doch in anderer noch zu bestimmender Absicht nothwendig seyn. Ob die Seele eine einfache Substanz sey, oder nicht, das kan uns zur Erklärung der Erscheinungen derselben ganz gleichgültig seyn; denn wir können den Begrif eines einfachen Wesens durch keine mögliche Erfahrung sinnlich, mithin in concreto verständlich machen, und so ist er, in Ansehung aller verhofften Einsicht in die Ursache der Erscheinungen, ganz leer, und kan zu keinem Princip der Erklärung dessen, was innere oder äussere Erfahrung an die Hand giebt, dienen. Eben so wenig können uns die cosmologischen Ideen vom Weltanfange, oder der Weltewigkeit (a parte ante) dazu nutzen, um irgend eine Begebenheit in der Welt selbst daraus zu erklären. Endlich müssen wir, nach einer richtigen Maxime der Naturphilosophie, uns aller Erklärung der Natureinrichtung, die aus dem Willen eines höchsten Wesens gezogen worden, enthalten, weil dieses nicht mehr Naturphilosophie ist, sondern ein Geständniß, daß es damit bey uns zu Ende gehe. Es haben also diese Ideen eine ganz andere Bestimmung ihres Gebrauchs, als jene Categorien, durch die, und die darauf gebauten Grundsätze, Erfahrung selbst allererst möglich ward. Indessen würde doch unsre mühsame Analitik des Verstandes, wenn unsre Absicht auf nichts anders als blosse Naturerkentniß, so wie sie in der Erfahrung gegeben werden kan, gerichtet wäre, auch ganz überflüssig seyn: denn Vernunft verrichtet ihr Geschäfte so wohl in der Mathematik als Naturwissenschaft, auch ohne alle diese subtile Deduction ganz sicher und gut: also vereinigt sich unsre Critik des Verstandes mit dem Ideen der reinen Vernunft zu einer Absicht, welche über den Erfahrungsgebrauch des Verstandes hinausgesetzt ist, von welchem wir doch oben gesagt haben, daß er in diesem Betracht gänzlich unmöglich, und ohne Gegenstand oder Bedeutung sey. Es muß aber dennoch zwischen dem, was zur Natur der Vernunft und des Verstandes gehört, Einstimmung seyn, und jene muß zur Vollkommenheit der letztern beytragen, und kan sie unmöglich verwirren.

Die Auflösung dieser Frage ist folgende: Die reine Vernunft hat unter ihren Ideen nicht besondere Gegenstände, die über das Feld der Erfahrung hinausslägen, zur Absicht, sondern fodert nur Vollständigkeit des Verstandesgebrauchs im Zusammenhange der Erfahrung. Diese Vollständigkeit aber kan nur eine Vollständigkeit der Principien, aber nicht der Anschauungen und Gegenstände seyn. Gleichwol, um sich jene bestimmt vorzustellen, denkt sie sich solche, als die Erkentniß eines Objects, dessen Erkentniß in Ansehung jener Regeln vollständig bestimmt ist, welches Object aber nur eine Idee ist, um die Verstandeserkentniß der Vollständigkeit, die jene Idee bezeichnet, so nahe wie möglich zu bringen.

§. 45.

§. 45.

Vorläufige Bemerkung
zur Dialectik der reinen Vernunft.

Wir haben oben Paragraph 33, 34, gezeigt: daß die Reinigkeit der Categorien von aller Beymischung sinnlicher Bestimmungen die Vernunft verleiten könne, ihren Gebrauch gänzlich, über alle Erfahrung hinaus, auf Dinge an sich selbst auszudehnen, wiewol, da sie selbst keine Anschauung finden, welche ihnen Bedeutung und Sinn in concreto verschaffen könte, sie als blos logische Functionen, zwar ein Ding überhaupt vorstellen, aber vor sich allein keinen bestimmten Begrif von irgend einem Dinge geben können. Dergleichen hyperbolische Objecte sind nun die, so man Noumena oder reine Verstandeswesen (besser Gedankenwesen) nennt, als z.B. Substanz, welche aber ohne Beharrlichkeit in der Zeit gedacht wird, oder eine Ursache, die aber nicht in der Zeit wirkte, u. s. w. da man ihnen denn Prädicate beylegt, die blos dazu dienen, die Gesetzmässigkeit der Erfahrung möglich zu machen, und gleichwol alle Bedingungen der Anschauung, unter denen allein Erfahrung möglich ist, von ihnen wegnimmt, wodurch jene Begriffe wiederum alle Bedeutung verlieren.

Es hat aber keine Gefahr, daß der Verstand von selbst, ohne durch fremde Gesetze gedrungen zu seyn, über seine Grenzen so ganz muthwillig in das Feld von blossen

Gedankenwesen ausschweifen werde. Wenn aber die Vernunft, die mit keinem Erfahrungsgebrauche der Verstandesregeln, als der immer noch bedingt ist, völlig befriedigt seyn kan, Vollendung dieser Kette von Bedingungen fodert, so wird der Verstand aus seinem Kreise getrieben, um theils Gegenstände der Erfahrung in einer so weit erstreckten Reihe vorzustellen, dergleichen gar keine Erfahrung fassen kan, theils so gar (um sie zu vollenden) gänzlich ausserhalb derselben Noumena zu suchen, an welche sie jene Kette knüpfen und dadurch von Erfahrungsbedingungen endlich einmal unabhängig, ihre Haltung gleichwol vollständig machen könne. Das sind nun die transscendentalen Ideen, welche, sie mögen nun nach dem wahren, aber verborgenen Zwecke der Naturbestimmung unserer Vernunft, nicht auf überschwengliche Begriffe, sondern blos auf unbegrenzte Erweiterung des Erfahrungsgebrauchs angelegt seyn, dennoch durch einen unvermeidlichen Schein dem Verstande einen transscendenten Gebrauch ablocken, der, obzwar betrüglich, dennoch durch keinen Vorsatz innerhalb den Grenzen der Erfahrung zu bleiben, sondern nur durch wissenschaftliche Belehrung und mit Mühe in Schranken gebracht werden kan.

§. 46.

I. **Psychologische Ideen.** (Critik S. 341. u. f.)

Man hat schon längst angemerkt, daß uns an allen Substanzen das eigentliche Subject, nämlich das, was

übrig

übrig bleibt, nachdem alle Accidenzen (als Prädicate) abgesondert worden, mithin das Substantiale selbst, unbekant sey, und über diese Schranken unsrer Einsicht vielfältig Klagen geführt. Es ist aber hiebey wohl zu merken, daß der menschliche Verstand darüber nicht in Anspruch zu nehmen sey: daß er das Substantiale der Dinge nicht kennt, d. i. vor sich allein bestimmen kan, sondern vielmehr darüber, daß er es, als eine bloße Idee, gleich einem gegebenen Gegenstande bestimmt, zu erkennen verlangt. Die reine Vernunft fodert, daß wir zu jedem Prädicate eines Dinges sein ihm zugehöriges Subject, zu diesem aber, welches nothwendiger Weise wiederum nur Prädicat ist, fernerhin sein Subject und so forthin ins Unendliche (oder so weit wir reichen) suchen sollen. Aber hieraus folgt, daß wir nichts, wozu wir gelangen können, vor ein letztes Subject halten sollen, und daß das Substantial selbst niemals von unserm noch so tief eindringenden Verstande, selbst wenn ihm die ganze Natur aufgedeckt wäre, gedacht werden könne; weil die specifische Natur unseres Verstandes darin besteht, alles discursiv d. i. durch Begriffe, mithin auch durch lauter Prädicate zu denken, wozu also das absolute Subject jederzeit fehlen muß. Daher sind alle reale Eigenschaften, dadurch wir Körper erkennen, lauter Accidenzen, so gar die Undurchbringlichkeit, die man sich immer nur als die Wirkung einer Kraft vorstellen muß, dazu uns das Subject fehlt.

Nun scheint es, als ob wir in dem Bewustseyn unserer selbst (dem denkenden Subject) dieses Substantiale haben, und zwar in einer unmittelbaren Anschauung: denn alle Prädicate des innern Sinnes beziehen sich auf das Ich, als Subject, und dieses kan nicht weiter als Prädicat irgend eines andern Subjects gedacht werden. Also scheint hier die Vollständigkeit in der Beziehung der gegebenen Begriffe als Prädicate auf ein Subject, nicht blos Idee, sondern der Gegenstand, nämlich das absolute Subject selbst, in der Erfahrung gegeben zu seyn. Allein diese Erwartung wird vereitelt. Denn das Ich ist gar kein Begrif *) sondern nur Bezeichnung des Gegenstandes des innern Sinnes, so fern wir es durch kein Prädicat weiter erkennen, mithin kan es zwar an sich kein Prädicat von einem andern Dinge seyn, aber eben so wenig auch ein bestimmter Begrif eines absoluten Subjects, sondern nur, wie in allen andern Fällen, die Beziehung der innern Erscheinungen auf das unbekante Subject derselben. Gleichwol veranlaßt diese Idee (die gar wohl dazu dient, als regulatives Princip alle materialistische Erklärungen der innern Erscheinungen unserer Seele gänzlich zu vernichten) *) durch einen ganz natürlichen Misverstand ein sehr scheinbares

---

*) Wäre die Vorstellung der Apperception, das Ich, ein Begrif, wodurch irgend etwas erdacht würde, so würde es auch als Prädicat von andern Dingen gebraucht werden können, oder solche Prädicate in sich enthalten. Nun ist es nichts mehr als Gefühl eines Daseyns ohne den mindesten Begrif und nur Vorstellung desjenigen, worauf alles Denken in Beziehung (relatione accidentis) steht.

res Argument, um, aus diesem vermeinten Erkentniß von dem Substanziale unseres denkenden Wesens, seine Natur, so fern die Kentniß derselben ganz ausser den Inbegrif der Erfahrung hinaus fällt, zu schliessen.

§. 47.

Dieses denkende Selbst (die Seele) mag nun aber auch als das letzte Subject des Denkens, was selbst nicht weiter, als Prädicat eines andern Dinges vorgestellt werden kan, Substanz heissen: so bleibt dieser Begrif doch gänzlich leer, und ohne alle Folgen, wenn nicht von ihm die Beharrlichkeit, als das, was den Begrif der Substanzen in der Erfahrung fruchtbar macht, bewiesen werden kan.

Die Beharrlichkeit kan aber niemals aus dem Begriffe einer Substanz, als eines Dinges an sich, sondern nur zum Behuf der Erfahrung bewiesen werden. Dieses ist bey der ersten Analogie der Erfahrung hinreichend dargethan worden, (Critik S. 182.) und, will man sich diesem Beweise nicht ergeben, so darf man nur den Versuch selbst anstellen, ob es gelingen werde, aus dem Begriffe eines Subjects, was selbst nicht als Prädicat eines andern Dinges existirt, zu beweisen, daß sein Daseyn durchaus beharrlich sey, und daß es, weder an sich selbst, noch durch irgend eine Naturursache entstehen, oder vergehen könne. Dergleichen synthetische Sätze a priori können niemals an sich selbst, sondern jederzeit nur in Beziehung auf Dinge, als Gegenstände einer möglichen Erfahrung, bewiesen werden.

§. 48.

Wenn wir also aus dem Begriffe der Seele als Substanz auf Beharrlichkeit derselben schliessen wollen: so kan dieses von ihr doch nur zum Behuf möglicher Erfahrung, und nicht von ihr, als einem Dinge an sich selbst und über alle mögliche Erfahrung hinaus gelten. Nun ist die subjective Bedingung aller unserer möglichen Erfahrung das Leben: folglich kan nur auf die Beharrlichkeit der Seele im Leben geschlossen werden, denn der Tod des Menschen ist das Ende aller Erfahrung, was die Seele als einen Gegenstand derselben betrift, wofern nicht das Gegentheil dargethan wird, als wovon eben die Frage ist. Also kan die Beharrlichkeit der Seele nur im Leben des Menschen (deren Beweis man uns wohl schenken wird) aber nicht nach dem Tode (als woran uns eigentlich gelegen ist) dargethan werden, und zwar aus dem allgemeinen Grunde, weil der Begrif der Substanz, so fern er mit dem Begrif der Beharrlichkeit als nothwendig verbunden angesehen werden soll, dieses nur nach einem Grundsatze möglicher Erfahrung und also auch nur zum Behuf derselben seyn kan.*)

§. 49.

*) Es ist in der That sehr merkwürdig, daß die Metaphysiker jederzeit so sorglos über den Grundsatz der Beharrlichkeit der Substanzen weggeschlüpft sind, ohne jemals einen Beweis davon zu versuchen; ohne Zweifel, weil sie sich, so bald sie es mit dem Begriffe Substanz anfingen, von allen Beweisthümern gänzlich verlassen sahen. Der gemeine Verstand, der gar wohl inne ward, daß ohne diese Voraussetzung keine Vereinigung der Wahrnehmungen in einer Erfahrung möglich

§. 49.

Das unseren äusseren Wahrnehmungen etwas wirkliches ausser uns, nicht blos correspondire, sondern auch correspondiren müsse, kan gleichfalls niemals als Verknüpfung der Dinge an sich selbst, wohl aber zum Behuf der Erfahrung bewiesen werden. Dieses will so viel sagen: daß etwas auf empirische Art, mithin als Erscheinung im Raume ausser uns sey, kan man gar wohl beweisen; denn mit andern Gegenständen, als denen, die zu einer möglichen Erfahrung gehören, haben wir es nicht zu thun, eben darum, weil sie uns in keiner Erfahrung gegeben werden können, und also vor uns nichts seyn. Empirisch ausser mir ist das, was im Raume angeschaut wird, und da

lich sey, ersetzte diesen Mangel durch ein Postulat: denn aus der Erfahrung selbst konte er diesen Grundsatz nimmermehr ziehen, theils weil sie die Materien, (Substanzen) bey allen ihren Veränderungen und Auflösungen, nicht so weit verfolgen kan, um den Stoff immer unvermindert anzutreffen, theils weil der Grundsatz Nothwendigkeit enthält, die jederzeit das Zeichen eines Princips a priori ist. Nun wandten sie diesen Grundsatz getrost auf den Begrif der Seele als einer Substanz an, und schlossen auf eine nothwendige Fortdauer derselben nach dem Tode des Menschen, (vornämlich da die Einfachheit dieser Substanz, welche aus der Untheilbarkeit des Bewustseyns gefolgert ward, sie wegen des Unterganges durch Auflösung sicherte). Hätten sie die ächte Quelle dieses Grundsatzes gefunden, welches aber weit tiefere Untersuchungen erforderte, als sie jemals anzufangen Lust hatten, so würden sie gesehen haben: daß jenes Gesetz der Beharrlichkeit der Substanzen nur zum Behuf der Erfahrung stattfinde, und daher nur auf Dinge, so fern sie in der Erfahrung erkant und mit andern verbunden werden sollen, niemals aber von ihnen auch unangesehen aller möglichen Erfahrung, mithin auch nicht von der Seele nach dem Tode gelten könne.

da dieser samt allen Erscheinungen, die er enthält, zu den Vorstellungen gehört, deren Verknüpfung nach Erfahrungsgesetzen eben sowol ihre objective Wahrheit beweiset, als die Verknüpfung der Erscheinungen des innern Sinnes die Wirklichkeit meiner Seele (als eines Gegenstandes des innern Sinnes), so bin ich mir vermittelst der äussern Erfahrung eben sowol der Wirklichkeit der Körper, als äusserer Erscheinungen im Raume, wie vermittelst der innern Erfahrung des Daseyns meiner Seele in der Zeit, bewust, die ich auch nur, als einen Gegenstand des innern Sinnes, durch Erscheinungen, die einen innern Zustand ausmachen, erkenne, und wovon mir das Wesen an sich selbst, das diesen Erscheinungen zum Grunde liegt, unbekant ist. Der Cartesianische Idealism unterscheidet also nur äussere Erfahrung vom Traume, und die Gesetzmässigkeit als ein Criterium der Wahrheit der erstern, von der Regellosigkeit und dem falschen Schein der letztern. Er setzt in beyden Raum und Zeit als Bedingungen des Daseyns der Gegenstände voraus, und frägt nur, ob die Gegenstände äusserer Sinne wirklich im Raum anzutreffen seyn, die wir darin im Wachen setzen, so wie der Gegenstand des innern Sinnes, die Seele, wirklich in der Zeit ist, d. i. ob Erfahrung sichere Criterien der Unterscheidung von Einbildung bey sich führe. Hier läßt sich der Zweifel nun leicht heben, und wir heben ihn auch jederzeit im gemeinen Leben dadurch, daß wir die Verknüpfung der Erscheinungen in beyden nach allgemeinen Gesetzen der Erfahrung untersuchen, und können, wenn die Vorstel-

stellung äusserer Dinge damit [...]
stimmt, nicht zweifeln, daß sie [...]
fahrung ausmachen sollten. D[...]
da Erscheinungen als Erscheinu[ng...]
knüpfung in der Erfahrung bet[...]
so sich sehr leicht heben, und es ist eine [...]
Erfahrung, daß Körper ausser uns (im Raume) existiren, als daß ich selbst, nach der Vorstellung des
innern Sinnes (in der Zeit) da bin: Denn der Begrif: ausser uns, bedeutet nur die Existenz im Raume. Da aber das Ich, in dem Satze: Ich bin,
nicht blos den Gegenstand der innern Anschauung (in
der Zeit), sondern das Subject des Bewustseyns, so
wie Körper nicht blos die äussere Anschauung (im Raume) sondern auch das Ding an sich selbst bedeutet, was
dieser Erscheinung zum Grunde liegt, so kan die Frage:
ob die Körper (als Erscheinungen des äussern Sinnes)
ausser meinen Gedanken als Körper existiren, ohne
alles Bedenken in der Natur verneinet werden; aber
darin verhält es sich gar nicht anders mit der Frage,
ob ich selbst als Erscheinung des innern Sinnes
(Seele nach der empirischen Psychologie) ausser meiner
Vorstellungskraft in der Zeit existire, denn diese muß
eben so wohl verneinet werden. Auf solche Weise ist
alles, wenn es auf seine wahre Bedeutung gebracht
wird, entschieden, und gewiß. Der formale Idealism
(sonst von mir transscendentale genannt) hebt wirklich
den materiellen oder Cartesianischen auf. Denn wenn
der Raum nichts als eine Form meiner Sinnlichkeit ist,
so

da diese als Vorstellung in mir eben so wirklich, als ich denke, und es kommt nur noch auf die empirische Wahrheit der Erscheinungen in demselben an. Ist das aber nicht, sondern der Raum und Erscheinungen in ihm sind etwas ausser uns existirendes, so können alle Criterien der Erfahrung ausser unserer Wahrnehmung niemals die Wirklichkeit dieser Gegenstände ausser uns beweisen.

§. 50.

II. Cosmologische Ideen. (Crit. S. 405. u. f.)

Dieses Product der reinen Vernunft in ihrem transscendenten Gebrauch ist das merkwürdigste Phänomen derselben, welches auch unter allen am kräftigsten wirkt, die Philosophie aus ihrem dogmatischen Schlummer zu erwecken, und sie zu dem schweren Geschäfte der Critik der Vernunft selbst zu bewegen.

Ich nenne diese Idee deswegen cosmologisch, weil sie ihr Object jederzeit nur in der Sinnenwelt nimmt, auch keine andere als die, deren Gegenstand ein Object der Sinne ist, braucht, mithin so fern einheimisch und nicht transscendent, folglich bis dahin noch keine Idee ist; dahingegen, die Seele sich als eine einfache Substanz denken, schon so viel heißt, als sich einen Gegenstand denken (das Einfache) dergleichen den Sinnen gar nicht vorgestellt werden können. Demungeachtet erweitert doch die cosmologische Idee die Verknüpfung des Bedingten mit seiner Bedingung (diese mag mathematisch oder dynamisch

misch seyn) so sehr, daß Erfahrung ihr niemals gleichkommen kan, und ist also in Ansehung dieses Puncts immer eine Idee, deren Gegenstand niemals adäquat in irgend einer Erfahrung gegeben werden kan.

§. 51.

Zuerst zeigt sich hier der Nutzen eines Systems der Categorien so deutlich und unverkennbar, daß, wenn es auch nicht mehrere Beweisthümer desselben gäbe, dieser allein ihre Unentbehrlichkeit im System der reinen Vernunft hinreichend darthun würde. Es sind solcher transscendenten Ideen nicht mehr als vier, so viel als Classen der Categorien; in jeder derselben aber gehen sie nur auf die absolute Vollständigkeit der Reihe der Bedingungen zu einem gegebenen Bedingten. Diesen cosmologischen Ideen gemäß giebt es auch nur viererley dialectische Behauptungen der reinen Vernunft, die, da sie dialectisch sind, dadurch selbst beweisen, daß einer jeden, nach eben so scheinbaren Grundsätzen der reinen Vernunft, ein ihm widersprechender entgegensteht, welchen Widerstreit keine metaphysische Kunst der subtilsten Distinction verhüten kan, sondern die den Philosophen nöthigt, zu den ersten Quellen der reinen Vernunft selbst zurück zu gehen. Diese nicht etwa beliebig erdachte, sondern in der Natur der menschlichen Vernunft gegründete, mithin unvermeidliche und niemals ein Ende nehmende Antinomie, enthält nun folgende vier Sätze samt ihren Gegensätzen.

1. Satz

1.
Satz
Die Welt hat der Zeit und dem Raum nach einen Anfang (Grenze)
Gegensatz
Die Welt ist der Zeit und dem Raum nach unendlich

2.
Satz
Alles in der Welt besteht aus dem Einfachen
Gegensatz
Es ist nichts Einfaches, sondern alles ist zusammengesetzt

3.
Satz
Es giebt in der Welt Ursachen durch Freyheit
Gegensatz
Es ist keine Freyheit, sondern alles ist Natur

4.
Satz
In der Reihe der Weltursachen ist irgend ein nothwendig Wesen

Gegensatz
Es ist in ihr nichts nothwendig, sondern in dieser Reihe ist alles zufällig.

§. 52.

Hier ist nun das seltsamste Phänomen der menschlichen Vernunft, wovon sonst kein Beyspiel in irgend einem andern Gebrauch derselben gezeigt werden kan. Wenn wir, wie es gewöhnlich geschieht, uns die Erscheinungen der Sinnenwelt als Dinge an sich selbst denken, wenn wir die Grundsätze ihrer Verbindung als allgemein von Dingen an an sich selbst und nicht blos von der Erfahrung geltende Grundsätze annehmen, wie denn dieses eben so gewöhnlich, ja ohne unsre Critik unvermeidlich ist: so thut sich ein nicht vermutheter Widerstreit hervor, der niemals auf dem gewöhnlichen dogmatischen Wege beygelegt werden kan, weil sowol Satz als Gegensatz durch gleich einleuchtende klare und unwiderstehliche Beweise dargethan werden können, — denn vor die Richtigkeit aller dieser Beweise verbürge ich mich, — und die Vernunft sich also mit sich selbst entzweyt sieht, ein Zustand, über den ein Sceptiker frohlockt, der critische Philosoph aber in Nachdenken und Unruhe versetzt werden muß.

§. 52. b.

Man kan in der Metaphysik auf mancherley Weise herumpfuschen, ohne eben zu besorgen, daß man auf Unwahrheit werde betreten werden. Denn, wenn man sich nur nicht selbst widerspricht, welches in synthetischen, obgleich gänzlich erdichteten Sätzen gar wohl möglich ist: so können wir in allen solchen Fällen, wo die Begriffe, die wir verknüpfen, blosse Ideen sind, die gar nicht (ihrem ganzen Inhalte nach (in der Erfahrung gegeben werden können, niemals durch Erfahrung widerlegt werden. Denn wie wollten wir es durch Erfahrung ausmachen: ob die Welt von Ewigkeit her sey, oder einen Anfang habe, ob Materie ins Unendliche theilbar sey, oder aus einfachen Theilen bestehe, dergleichen Begriffe lassen sich in keiner

K auch,

auch der größtmöglichen Erfahrung geben, mithin die Unrichtigkeit des behauptenden oder verneinenden Satzes durch diesen Probierstein nicht entdecken.

Der einzige mögliche Fall, da die Vernunft ihre geheime Dialectic, die sie fälschlich vor Dogmatik ausgiebt, wider ihren Willen offenbarete, wäre der, wenn sie auf einen allgemeinen zugestandenen Grundsatz eine Behauptung gründete, und aus einem andern eben so beglaubigten, mit der größten Richtigkeit der Schlußart, gerade das Gegentheil folgerte. Dieser Fall ist hier nun wirklich, und zwar in Ansehung vier natürlicher Vernunftideen, woraus vier Behauptungen einerseits, und eben so viel Gegenbehauptungen anderer Seits, jede mit richtiger Consequenz aus allgemein zugestandenen Grundsätzen, entspringen, und dadurch den dialectischen Schein der reinen Vernunft im Gebrauch dieser Grundsätze offenbaren, der sonst auf ewig verborgen seyn müßte.

Hier ist also ein entscheidender Versuch, der uns nothwendig eine Unrichtigkeit entdecken muß, die in den Voraussetzungen der Vernunft verborgen liegt *) Von zwey

*) Ich wünsche daher, daß der critische Leser sich mit dieser Antinomie hauptsächlich beschäftige, weil die Natur selbst sie aufgestellt zu haben scheint, um die Vernunft in ihren dreisten Anmaßungen stutzig zu machen, und zur Selbstprüfung zu nöthigen. Jeden Beweis, den ich für die Thesis so wohl als Antithesis gegeben habe, mache ich mich anheischig zu verantworten, und dadurch die Gewißheit der unvermeidlichen Antinomie der Vernunft darzuthun. Wenn der

zwey einander widersprechenden Sätzen können nicht alle beyde falsch seyn, auſſer, wenn der Begriff selbst widersprechend ist, der be den zum Grunde liegt; z. B. die zwey Sätze: ein viereckigter Cirkel ist rund, und ein viereckigter Cirkel ist nicht rund, sind beyde falsch. Denn, was den ersten betrift, so ist es falsch, daß der genannte Cirkel rund sey, weil er viereckigt ist; es ist aber auch falsch, daß er nicht rund, d. i. eckigt sey, weil er ein Cirkel ist. Denn darin besteht eben das logische Merkmal der Unmöglichkeit eines Begrifs, daß unter desselben Voraussetzung zwey widersprechende Sätze zugleich falsch seyn würden, mithin, weil kein drittes zwischen ihnen gedacht werden kan, durch jenen Begrif gar nichts gedacht wird.

§. 52. c.

Nun liegt den zwey ersteren Antinomien, die ich mathematische nenne, weil sie sich mit der Hinzusetzung oder Theilung des Gleichartigen beschäftigen, ein solcher widersprechender Begrif zum Grunde; und daraus erkläre ich, wie es zugehe: daß Thesis so wohl als Antithesis bey beyden falsch sind.

Wenn ich von Gegenständen in Zeit und Raum rede, so rede ich nicht von Dingen an sich selbst, darum, weil ich von diesen nichts weiß, sondern nur von Dingen in

der

---

der Leser nun durch diese seltsame Erscheinung dahin gebracht wird, zu der Prüfung der dabey zum Grunde liegenden Voraussetzung zurückzugehen, so wird er sich gezwungen fühlen, die erste Grundlage aller Erkentniß der reinen Vernunft mit mir tiefer zu untersuchen.

der Erscheinung, d. i. von der Erfahrung, als einer besondern Erkentnißart der Objecte, die dem Menschen allein vergönnet ist. Was ich nun im Raume oder in der Zeit denke, von dem muß ich nicht sagen: daß es an sich selbst, auch ohne diesen meinen Gedanken, im Raume und der Zeit sey; denn da würde ich mir selbst widersprechen; weil Raum und Zeit, samt den Erscheinungen in ihnen, nichts an sich selbst und auffer meinen Vorstellungen existirendes, sondern selbst nur Vorstellungsarten sind, und es offenbar widersprechend ist, zu sagen, daß eine bloße Vorstellungsart auch auffer unserer Vorstellung existire. Die Gegenstände also der Sinne existiren nur in der Erfahrung; dagegen auch ohne dieselbe, oder vor ihr, ihnen eine eigene vor sich bestehende Existenz zu geben, heißt so viel, als sich vorstellen, Erfahrung sey auch ohne Erfahrung, oder vor derselben wirklich.

Wenn ich nun nach der Weltgrösse, dem Raume und der Zeit nach, frage, so ist es vor alle meine Begriffe eben so unmöglich zu sagen, sie sey unendlich, als sie sey endlich. Denn keines von beyden kan in der Erfahrung enthalten seyn, weil weder von einem unendlichen Raume, oder unendlicher verflossener Zeit, nach der Begrenzung der Welt durch einen leeren Raum, oder eine vorhergehende leere Zeit, Erfahrung möglich ist; das sind nur Ideen. Also müßte diese, auf die eine oder die andre Art bestimmte Grösse der Welt in ihr selbst liegen, abgesondert von aller Erfahrung. Dieses

ses widerspricht aber dem Begriffe einer Sinnenwelt, die nur ein Inbegrif der Erscheinung ist, deren Daseyn und Verknüpfung nur in der Vorstellung, nämlich der Erfahrung, stattfindet, weil sie nicht Sache an sich, sondern selbst nichts als Vorstellungsart ist. Hieraus folgt, daß, da der Begrif einer vor sich existirenden Sinnenwelt in sich selbst widersprechend ist, die Auflösung des Problems wegen ihrer Größe, auch jederzeit falsch seyn werde, man mag sie nun bejahend oder verneinend versuchen.

Eben dieses gilt von der zweyten Antinomie, die die Theilung der Erscheinungen betrift. Denn diese sind blosse Vorstellungen, und die Theile existiren blos in der Vorstellung derselben, mithin in der Theilung, d. i. in einer möglichen Erfahrung, darin sie gegeben werden, und jene geht daher nur so weit, als diese reicht. Anzunehmen, daß eine Erscheinung, z. B. die des Körpers, alle Theile vor aller Erfahrung an sich selbst enthalte, zu denen nur immer mögliche Erfahrung gelangen kan, heißt: einer bloßen Erscheinung, die nur in der Erfahrung existiren kan, doch zugleich eine eigene vor Erfahrung vorhergehende Existenz geben, oder zu sagen, daß bloße Vorstellungen da sind, ehe sie in der Vorstellungskraft angetroffen werden, welches sich widerspricht, und mithin auch jede Auflösung der misverstandenen Aufgabe, man mag darinne behaupten, die Körper bestehen an sich aus unendlich viel Theilen oder einer endlichen Zahl einfacher Theile.

§. 53.

§. 53.

In der erſten Claſſe der Antinomie (der mathematiſchen) beſtand die Falſchheit der Vorausſetzung darin: daß, was ſich widerſpricht (nämlich Erſcheinung als Sache an ſich ſelbſt) als vereinbar in einem Begriffe vorgeſtellt würde. Was aber die zweyte, nämlich dynamiſche Claſſe der Antinomie betrift, ſo beſteht die Falſchheit der Vorausſetzung darin: daß, was vereinbar iſt, als widerſprechend vorgeſtellt wird, folglich, da im erſteren Falle alle beyde einander entgegengeſetzte Behauptungen falſch waren, hier wiederum ſolche, die durch bloßen Misverſtand einander entgegengeſetzt werden, alle beyde wahr ſeyn können.

Die mathematiſche Verknüpfung nämlich ſetzt nothwendig Gleichartigkeit des Verknüpften (im Begriffe der Gröſſe) voraus, die dynamiſche erfordert dieſes keinesweges. Wenn es auf die Gröſſe des Ausgedehnten ankommt, ſo müſſen alle Theile unter ſich, und mit dem Ganzen gleichartig ſeyn; dagegen in der Verknüpfung der Urſache und Wirkung kan zwar auch Gleichartigkeit angetroffen werden, aber ſie iſt nicht nothwendig; denn der Begrif der Cauſſalität (vermittelſt deſſen durch Etwas etwas ganz davon verſchiedenes geſetzt wird) erfordert ſie wenigſtens nicht.

Würden die Gegenſtände der Sinnenwelt vor Dinge an ſich ſelbſt genommen, und die oben angeführten Naturgeſetze vor Geſetze der Dinge an ſich ſelbſt, ſo wäre

der

der Widerspruch unvermeidlich. Eben so, wenn das Subject der Freyheit gleich den übrigen Gegenständen als bloße Erscheinung vorgestellt würde, so könte eben so wohl der Widerspruch nicht vermieden werden, denn es würde eben daſſelbe von einerley Gegenstande in derselben Bedeutung zugleich bejahet und verneinet werden. Ist aber Naturnothwendigkeit blos auf Erscheinungen bezogen, und Freyheit blos auf Dinge an sich selbst, so entspringt kein Widerspruch, wenn man gleich beyde Arten von Cauſſalität annimmt, oder zugiebt, so schwer oder unmöglich es auch seyn möchte, die von der letzteren Art begreiflich zu machen.

In der Erscheinung ist jede Wirkung eine Begebenheit, oder etwas, das in der Zeit geschieht; vor ihr muß, nach dem allgemeinen Naturgeſetze, eine Bestimmung der Cauſſalität ihrer Ursache (ein Zustand derselben) vorhergehen, worauf sie nach einem beständigen Gesetze folgt. Aber diese Bestimmung der Ursache zur Cauſſalität muß auch etwas seyn, was sich eräugnet oder geschieht; die Ursache muß angefangen haben zu handeln, denn sonst ließe sich zwischen ihr und der Wirkung keine Zeitfolge denken. Die Wirkung wäre immer gewesen, so wie die Cauſſalität der Ursache. Also muß unter Erscheinungen die Bestimmung der Ursache zum Wirken auch entstanden, und mithin eben so wohl, als ihre Wirkung, eine Begebenheit seyn, die wiederum ihre Ursache haben muß, u. s. w. und folglich Naturnothwendigkeit die Bedingung seyn, nach

K 4

welcher die wirkende Ursachen bestimmt werden. Soll dagegen Freyheit eine Eigenschaft gewisser Ursachen der Erscheinungen seyn, so muß sie, respective auf die letztere, als Begebenheiten, ein Vermögen seyn, sie von selbst (sponte) anzufangen, d. i. ohne daß die Causalität der Ursache selbst anfangen dürfte, und daher keines andern ihren Anfang bestimmenden Grundes benöthiget wäre. Alsdenn aber müßte die Ursache, ihrer Caussalität nach, nicht unter Zeitbestimmungen ihres Zustandes stehen, d. i. gar nicht Erscheinung seyn, d. i. sie müßte als ein Ding an sich selbst, die Wirkungen aber allein als Erscheinungen angenommen werden *). Kan man

*) Die Idee der Freyheit findet lediglich in dem Verhältnisse des intellectuellen, als Ursache, zur Erscheinung, als Wirkung, statt. Daher können wir der Materie in Ansehung ihrer unaufhörlichen Handlung, dadurch sie ihren Raum erfüllt, nicht Freyheit beylegen, obschon diese Handlung aus innerem Princip geschieht. Eben so wenig können wir vor reine Verstandeswesen, z. B. Gott, so fern seine Handlung immanent ist, keinen Begrif von Freyheit angemessen finden. Denn seine Handlung, obzwar unabhängig von äußeren bestimmenden Ursachen, ist dennoch in seiner ewigen Vernunft, mithin der göttlichen Natur, bestimmt. Nur wenn durch eine Handlung etwas anfangen soll, mithin die Wirkung in der Zeitreihe, folglich der Sinnenwelt anzutreffen seyn soll, (z. B. Anfang der Welt) da erhebt sich die Frage, ob die Caussalität der Ursache selbst auch anfangen müsse, oder, ob die Ursache eine Wirkung anheben könne, ohne daß ihre Caussalität selbst anfängt. Im ersteren Falle ist der Begrif dieser Caussalität ein Begrif der Naturnothwendigkeit, im zweyten der Freyheit. Hieraus wird der Leser ersehen, daß, da ich Freyheit als das Vermögen eine Begebenheit von selbst anzufangen erklärete, ich genau den Begrif traf, der das Problem der Metaphysik ist.

man einen solchen Einfluß der Verstandeswesen auf Erscheinungen ohne Widerspruch) denken, so wird zwar aller Verknüpfung der Ursache und Wirkung in der Sinnenwelt Naturnothwendigkeit anhangen, dagegen doch derjenigen Ursache, die selbst keine Erscheinung ist, (obzwar ihr zum Grunde liegt) Freyheit zugestanden, Natur also und Freyheit eben demselben Dinge, aber in verschiedener Beziehung, einmal als Erscheinung, das andremal als einem Dinge an sich selbst ohne Widerspruch beygelegt werden können.

Wir haben in uns ein Vermögen, welches nicht blos mit seinen subjectiv bestimmenden Gründen, welche die Naturursachen seiner Handlungen sind, in Verknüpfung steht, und so fern das Vermögen eines Wesens ist, das selbst zu den Erscheinungen gehört, sondern auch auf objective Gründe, die blos Ideen sind, bezogen wird, so fern sie dieses Vermögen bestimmen können, welche Verknüpfung durch Sollen ausgedruckt wird. Dieses Vermögen heißt Vernunft, und so fern wir ein Wesen, (den Menschen) lediglich nach dieser objectiv bestimmbaren Vernunft betrachten, kan es nicht als ein Sinnenwesen betrachtet werden, sondern die gedachte Eigenschaft ist die Eigenschaft eines Dinges an sich selbst, deren Möglichkeit, wie nämlich das Sollen, was doch noch nie geschehen ist, die Thätigkeit desselben bestimme, und Ursache von Handlungen seyn könne, deren Wirkung Erscheinung in der Sinnenwelt ist, wir gar nicht begreifen können. Indessen würde doch die Caussalität der Vernunft

nunft in Ansehung der Wirkungen in der Sinnenwelt Freyheit seyn, so fern objective Gründe, die selbst Ideen sind, in Ansehung ihrer als bestimmend angesehen werden. Denn ihre Handlung hinge alsdann nicht an subjectiven, mithin auch keinen Zeitbedingungen und also auch nicht vom Naturgesetze ab, das diese zu bestimmen dient, weil Gründe der Vernunft allgemein, aus Principien, ohne Einfluß der Umstände der Zeit oder des Orts, Handlungen die Regel geben.

Was ich hier anführe, gilt nur als Beyspiel zur Verständlichkeit, und gehört nicht nothwendig zu unserer Frage, welche, unabhängig von Eigenschaften, die wir in der wirklichen Welt antreffen, aus blossen Begriffen entschieden werden muß.

Nun kan ich ohne Widerspruch sagen: alle Handlungen vernünftiger Wesen, so fern sie Erscheinungen sind, (in irgend einer Erfahrung angetroffen werden) stehen unter der Naturnothwendigkeit; eben dieselbe Handlungen aber, blos respective auf das vernünftige Subject, und dessen Vermögen nach blosser Vernunft zu handeln, sind frey. Denn was wird zur Naturnothwendigkeit erfodert? Nichts weiter als die Bestimmbarkeit jeder Begebenheit der Sinnenwelt, nach beständigen Gesetzen, mithin eine Beziehung auf Ursache in der Erscheinung, wobey das Ding an sich selbst, was zum Grunde liegt, und dessen Caussalität unbekant bleibt. Ich sage aber: das Naturgesetz bleibt, es mag nun das

ver-

vernünftige Wesen aus Vernunft, mithin durch Freyheit, Ursache der Wirkungen der Sinnenwelt seyn, oder es mag diese auch nicht aus Vernunftgründen bestimmen. Denn, ist das erste, so geschieht die Handlung nach Maximen, deren Wirkung in der Erscheinung jederzeit beständigen Gesetzen gemäß seyn wird: ist das zweyte, und die Handlung geschieht nicht nach Principien der Vernunft, so ist sie den empirischen Gesetzen der Sinnlichkeit unterworfen, und in beyden Fällen hängen die Wirkungen nach beständigen Gesetzen zusammen; mehr verlangen wir aber nicht zur Naturnothwendigkeit, ja mehr kennen wir an ihr auch nicht. Aber im ersten Falle ist Vernunft die Ursache dieser Naturgesetze, und ist also frey; im zweyten Falle laufen die Wirkungen nach blossen Naturgesetzen der Sinnlichkeit, darum, weil die Vernunft keinen Einfluß auf sie ausübt: sie, die Vernunft, wird aber darum nicht selbst durch die Sinnlichkeit bestimmt, (welches unmöglich ist) und ist daher auch in diesem Falle frey. Die Freyheit hindert also nicht das Naturgesetz der Erscheinungen, so wenig, wie dieses der Freyheit des practischen Vernunftgebrauchs, der mit Dingen an sich selbst, als bestimmenden Gründen, in Verbindung steht, Abbruch thut.

Hiedurch wird also die practische Freyheit, nämlich diejenige, in welcher die Vernunft nach objectiv-bestimmenden Gründen Caussalität hat, gerettet, ohne daß
der

der Naturnothwendigkeit in Ansehung eben derselben Wirkungen, als Erscheinungen, der mindeste Eintrag geschieht. Eben dieses kan auch zur Erläuterung desjenigen, was wir wegen der transscendentalen Freyheit und deren Vereinbarung mit Naturnothwendigkeit (in demselben Subjecte, aber nicht in einer und derselben Beziehung genommen) zu sagen hatten, dienlich seyn. Denn was diese betrift, so ist ein jeder Anfang der Handlung eines Wesens aus objectiven Ursachen, respective auf diese bestimmende Gründe, immer ein erster Anfang, obgleich dieselbe Handlung in der Reihe der Erscheinungen nur ein subalterner Anfang ist, vor welchem ein Zustand der Ursache vorhergehen muß, der sie bestimmt, und selbst eben so von einer nah vorhergehenden bestimmt wird: so daß man sich an vernünftigen Wesen, oder überhaupt an Wesen, so fern ihre Caussalität in ihnen als Dingen an sich selbst bestimmt wird, ohne in Widerspruch mit Naturgesetzen zu gerathen, ein Vermögen denken kan, eine Reihe von Zuständen von selbst anzufangen. Denn das Verhältniß der Handlung zu objectiven Vernunftgründen ist kein Zeitverhältniß: hier geht das, was die Caussalität bestimmt, nicht der Zeit nach vor der Handlung vorher, weil solche bestimmende Gründe nicht Beziehung der Gegenstände auf Sinne, mithin nicht auf Ursachen in der Erscheinung, sondern bestimmende Ursachen, als Dinge an sich selbst, die nicht unter Zeitbedingungen stehen, vorstellen. So kan die Handlung in Ansehung der Caussalität der Vernunft

als

als ein erſter Anfang, in Anſehung der Reihe der Erſcheinungen, aber doch zugleich als ein bl ſubordinirter Anfang angeſehen, und ohne Widerſpruch in jenem Betracht als frey, in dieſem (da ſie blos Erſcheinung iſt) als der Naturnothwendigkeit unterworfen, angeſehen werden.

Was die vierte Antinomie betrift, ſo wird ſie auf die ähnliche Art gehoben, wie der Widerſtreit der Vernunft mit ſich ſelbſt in der dritten. Denn, wenn die **Urſache in der Erſcheinung**, nur von der **Urſache der Erſcheinungen**, ſo fern ſie als Ding an ſich ſelbſt gedacht werden kan, unterſchieden wird, ſo können beide Sätze wohl neben einander beſtehen, nämlich, daß von der Sinnenwelt überall keine Urſache (nach ähnlichen Geſetzen der Cauſſalität) ſtattfinde, deren Exiſtenz ſchlechthin nothwendig ſey, imgleichen anderer Seits, daß dieſe Welt dennoch mit einem nothwendigen Weſen als ihrer Urſache (aber von anderer Art und nach einem andern Geſetze) verbunden ſey; welcher zween Sätze Unverträglichkeit lediglich auf dem Misverſtande beruht, das, was blos von Erſcheinungen gilt, über Dinge an ſich ſelbſt auszudehnen, und überhaupt beide in einem Begriffe zu vermengen.

§. 54.

Dies iſt nun die Aufſtellung und Auflöſung der ganzen Antinomie, darin ſich die Vernunft bey der An-
wen-

wendung ihrer Principien auf die Sinnenwelt verwickelt findet, und wovon auch jene (die bloße Aufstellung) so gar allein schon ein beträchtliches Verdienst um die Kentnis der menschlichen Vernunft seyn würde, wenn gleich die Auflösung dieses Widerstreits den Leser, der hier einen natürlichen Schein zu bekämpfen hat, welcher ihm nur neuerlich als ein solcher vorgestellet worden, nachdem er ihn bisher immer vor wahr gehalten, hiedurch noch nicht völlig befriedigt werden sollte. Denn eine Folge hievon ist doch unausbleiblich, nämlich daß, weil es ganz unmöglich ist, aus diesem Widerstreit der Vernunft mit sich selbst herauszukommen, so lange man die Gegenstände der Sinnenwelt vor Sachen an sich selbst nimmt, und nicht vor das, was sie in der That sind, nämlich bloße Erscheinungen, der Leser dadurch genöthigt werde, die Deduction aller unsrer Erkentnis a priori und die Prüfung derjenigen, die ich davon gegeben habe, nochmals vorzunehmen, um darüber zur Entscheidung zu kommen. Mehr verlange ich jetzt nicht; denn wenn er sich bey dieser Beschäftigung nur allererst tief gnug in die Natur der reinen Vernunft hinein gedacht hat, so werden die Begriffe, durch welche die Auflösung des Widerstreits der Vernunft allein möglich ist, ihm schon geläufig seyn, ohne welchen Umstand ich selbst von dem aufmerksamsten Leser völligen Beyfall nicht erwarten kan.

§. 55.

§. 55.

III. Theologische Idee. (Critik S. 571. u. f.)

Die dritte transscendentale Idee, die zu dem allerwichtigsten, aber, wenn er blos speculativ betrieben wird, überschwenglichen (transscendenten) und eben dadurch dialectischen Gebrauch der Vernunft, Stoff giebt, ist das Ideal der reinen Vernunft. Da die Vernunft hier nicht, wie bey der psychologischen und cosmologischen Idee, von der Erfahrung anhebt, und durch Steigerung der Gründe, wo möglich, zur absoluten Vollständigkeit ihrer Reihe zu trachten verleitet wird, sondern gänzlich abbricht, und aus blossen Begriffen von dem, was die absolute Vollständigkeit eines Dinges überhaupt ausmachen würde, mithin vermittelst der Idee eines höchst vollkommnen Urwesens zur Bestimmung der Möglichkeit, mithin auch der Wirklichkeit aller andern Dinge herabgeht; so ist hier die blosse Voraussetzung eines Wesens, welches, obzwar nicht in der Erfahrungsreihe, dennoch zum Behuf der Erfahrung, um der Begreiflichkeit der Verknüpfung, Ordnung und Einheit der letzteren willen gedacht wird, d. i. die Idee von dem Verstandesbegriffe leichter wie in den vorigen Fällen zu unterscheiden. Daher konte hier der dialectische Schein, welcher daraus entspringt, daß wir die subjectiven Bedingungen unseres Denkens vor objective Bedingungen der Sachen selbst und eine nothwendige Hypothese zur Befriedigung unserer Vernunft vor

vor ein Dogma halten, leicht vor Augen gestellt werden, und ich habe daher nichts weiter über die Anmaßungen der transscendentalen Theologie zu erinnern, da das, was die Critik hierüber sagt, faßlich, einleuchtend und entscheidend ist.

§. 56.
Allgemeine Anmerkung
zu
den transscendentalen Ideen.

Die Gegenstände, welche uns durch Erfahrung gegeben werden, sind uns in vielerley Absicht unbegreiflich, und es können viele Fragen, auf die uns das Naturgesetz führt, wenn sie bis zu einer gewissen Höhe, aber immer diesen Gesetzen gemäß getrieben werden, gar nicht aufgelöset werden, z. B. woher Materien einander anziehen. Allein, wenn wir die Natur ganz und gar verlassen, oder im Fortgange ihrer Verknüpfung alle mögliche Erfahrung übersteigen, mithin uns in blosse Ideen vertiefen, alsdenn können wir nicht sagen, daß uns der Gegenstand unbegreiflich sey, und die Natur der Dinge uns unauflösliche Aufgaben vorlege; denn wir haben es alsdenn gar nicht mit der Natur oder überhaupt mit gegebenen Objecten, sondern blos mit Begriffen zu thun, die in unserer Vernunft lediglich ihren Ursprung haben, und mit blossen Gedanken-Wesen, in Ansehung deren alle Aufgaben, die aus dem Begriffe derselben entspringen muß müssen, aufgelöset werden können, weil die Vernunft von ihrem eigenen Verfahren allerdings vollständige Rechenschaft geben kan, und muß *). Da die physiologische, cosmologische und theologische Ideen lauter reine Vernunftbegriffe sind, die in keiner Erfahrung gegeben werden können, so sind uns die Fragen, die uns die Vernunft in Ansehung ihrer vorlegt, nicht durch die Gegenstände, sondern durch blosse Maximen der Vernunft um ihrer Selbstbefriedigung willen aufgegeben, und müssen insgesamt hinreichend beantwortet werden können, welches auch dadurch geschieht, daß man zeigt, daß sie Grundsätze sind, unsern Verstandesgebrauch zur durchgängigen Einhelligkeit, Vollständigkeit und synthetischen Einheit zu bringen, und so fern blos von der Erfahrung, aber im Ganzen derselben gelten. Obgleich aber ein absolute Ganze der Erfahrung unmöglich ist, so ist doch die

*) Herr Platner in seinen Aphorismen sagt daher mit Scharfsinnigkeit §. 728. 729. „Wenn die Vernunft ein Criterium „ist, so kan kein Begrif möglich seyn, welcher der mensch„lichen Vernunft unbegreiflich ist. — In dem Wirklichen „allein findet Unbegreiflichkeit statt. Hier entsteht die Un„begreiflichkeit aus der Unzulänglichkeit der erworbenen Ide„en.„ — Es klingt also nur paradox und ist übrigens nicht befremdlich, zu sagen, in der Natur sey uns vieles unbegreiflich, z. B. das Zeugungsvermögen) wenn wir aber noch höher steigen und selbst über die Natur hinaus gehen, so werde uns wieder alles begreiflich; denn wir verlassen alsdenn ganz die Gegenstände, die uns gegeben werden können, und beschäftigen uns blos mit Ideen, bey denen wir das Gesetz, welches die Vernunft durch sie dem Verstande, zu seinem Gebrauch in der Erfahrung vorschreibt, gar wohl begreifen können, weil es ihr eigenes Product ist.

l

die Idee eines Ganzen der Erkentnis nach Principien überhaupt dasjenige, was ihr allein eine besondere Art der Einheit, nämlich die von einem System, verschaffen kan, ohne die unser Erkentniß nichts als Stückwerk ist, und zum höchsten Zwecke (der immer nur das System aller Zwecke ist,) nicht gebraucht werden kan; ich verstehe aber hier nicht blos den practischen, sondern auch den höchsten Zweck des speculativen Gebrauchs der Vernunft.

Die transscendentalen Ideen drücken also die eigenthümliche Bestimmung der Vernunft aus, nämlich als eines Princips der systematischen Einheit des Verstandesgebrauchs. Wenn man aber diese Einheit der Erkentnißart davor ansieht, als ob sie dem Objecte der Erkentniß anhänge, wenn man sie, die eigentlich blos regulativ ist, vor constitutiv hält, und sich überredet, man könne vermittelst dieser Ideen seine Kentniß weit über alle mögliche Erfahrung, mithin auf transscendente Art erweitern, da sie doch blos dazu dient, Erfahrung in ihr selbst der Vollständigkeit so nahe wie möglich zu bringen, d. i. ihren Fortgang durch nichts einzuschränken, was zur Erfahrung nicht gehören kan, so ist dieses ein blosser Misverstand in Beurtheilung der eigentlichen Bestimmung unserer Vernunft, und ihrer Grundsätze, und eine Dialectik, die theils den Erfahrungsgebrauch der Vernunft verwirrt, theils die Vernunft mit sich selbst entzweyet.

Beschluß

Beschluß
von der
Grenzbestimmung der reinen Vernunft.

§. 57.

Nach den allerkläresten Beweisen, die wir oben gegeben haben, würde es Ungereimtheit seyn, wenn wir von irgend einem Gegenstande mehr zu erkennen hofseten, als zur möglichen Erfahrung desselben gehört, oder auch von irgend einem Dinge, wovon wir annehmen, es sey nicht ein Gegenstand möglicher Erfahrung, nur auf das mindeste Erkentniß Anspruch machten, es nach seiner Beschaffenheit, wie es an sich selbst ist, zu bestimmen; denn wodurch wollen wir diese Bestimmung verrichten, da Zeit, Raum, und alle Verstandesbegriffe, vielmehr aber noch die durch empirische Anschauung, oder Wahrnehmung in der Sinnenwelt, gezogene Begriffe keinen andern Gebrauch haben, noch haben können, als blos Erfahrung möglich zu machen, und lassen wir selbst von den reinen Verstandesbegriffen diese Bedingung weg, sie alsdenn ganz und gar kein Object bestimmen, und überall keine Bedeutung haben.

Es würde aber anderer Seits eine noch grössere Ungereimtheit seyn, wenn wir gar keine Dinge an sich selbst einräumen, oder unsere Erfahrung vor die einzig mögliche Erkentnißart der Dinge, mithin unsre Anschauung in Raum und Zeit vor die allein mögliche An-

schau-

schauung, unsern discursiven Verstand aber vor das Urbild von jedem möglichen Verstande ausgeben wollten, mithin Principien der Möglichkeit der Erfahrung vor allgemeine Bedingungen der Dinge an sich selbst wollten gehalten wissen.

Unsere Principien, welche den Gebrauch der Vernunft blos auf mögliche Erfahrung einschränken, könten demnach selbst transscendent werden, und die Schranken unsrer Vernunft vor Schranken der Möglichkeit der Dinge selbst ausgeben, wie davon Humes Dialogen zum Beispiel dienen können, wenn nicht eine sorgfältige Critik die Grenzen unserer Vernunft auch in Ansehung ihres empirischen Gebrauchs bewachte, und ihren Anmassungen ihr Ziel setzte. Der Scepticism ist uranfänglich aus der Metaphysik und ihrer Policeylosen Dialektik entsprungen. Anfangs mochte er wohl blos zu Gunsten des Erfahrungsgebrauchs der Vernunft, alles, was diesen übersteigt, vor nichtig und betrüglich ausgeben, nach und nach aber, da man inne ward, daß es doch eben dieselbe Grundsätze a priori sind, deren man sich bey der Erfahrung bedient, die unvermerkt, und, wie es schien, mit eben demselben Rechte noch weiter führeten, als Erfahrung reicht, so fing man an, selbst in Erfahrungsgrundsätze einen Zweifel zu setzen. Hiemit hat es nun wohl keine Noth; denn der gesunde Verstand wird hierin wohl jederzeit seine Rechte behaupten, allein es entsprang doch eine besondere Verwirrung in der Wissenschaft, die nicht bestimmen kan, wie

wie weit und warum nur bis dahin und nicht weiter der Vernunft zu trauen sey, dieser Verwirrung aber kan nur durch förmliche und aus Grundsätzen gezogene Grenzbestimmung unseres Vernunftgebrauchs abgeholfen und allem Rückfall auf künftige Zeit vorgebeugt werden.

Es ist wahr: wir können über alle mögliche Erfahrung hinaus von dem, was Dinge an sich selbst seyn mögen, keinen bestimmten Bsarif geben. Wir sind aber dennoch nicht frey vor der Nachfrage nach diesen, uns gänzlich derselben zu enthalten; denn Erfahrung thut der Vernunft niemals völlig Gnüge; sie weiset uns in Beantwortung der Fragen immer weiter zurück, und läßt uns in Ansehung des völligen Aufschlusses derselben unbefriedigt, wie jedermann dieses aus der Dialektik der reinen Vernunft, die eben darum ihren guten subjectiven Grund hat, hinreichend ersehen kan. Wer kan es wohl ertragen, daß wir von der Natur unserer Seele bis zum klaren Bewustseyn des Subjects und zugleich der Ueberzeugung gelangen, daß seine Erscheinungen nicht materialistisch können erklärt werden, ohne zu fragen, was denn die Seele eigentlich sey, und, wenn kein Erfahrungsbegrif hiezu zureicht, allenfalls einen Vernunftbegrif (eines einfachen materiellen Wesens) blos zu diesem Behuf anzunehmen, ob wir gleich seine objective Realität gar nicht darthun können? Wer kan sich bey der blossen Erfahrungserkentniß in allen cosmologischen Fragen, von der Weltdauer und Grösse, der Freyheit oder Naturnothwendigkeit, befriedigen,

ℒ 3 da,

da, wir mögen es anfangen, wie wir wollen, eine jede nach Erfahrungsgrundgesetzen gegebene Antwort immer eine neue Frage gebiert, die eben so wohl beantwortet seyn will, und dadurch die Unzulänglichkeit aller physischen Erklärungsarten zur Befriedigung der Vernunft deutlich darthut? Endlich, wer sieht nicht bey der durchgängigen Zufälligkeit und Abhängigkeit alles dessen, was er nur nach Erfahrungsprincipien denken und annehmen mag, die Unmöglichkeit, bey diesen stehen zu bleiben, und fühlt sich nicht nothgedrungen, unerachtet alles Verbots, sich nicht in transscendente Ideen zu verlieren, dennoch über alle Begriffe, die er durch Erfahrung rechtfertigen kan, noch in dem Begriffe eines Wesens Ruhe und Befriedigung zu suchen, davon die Idee zwar an sich selbst der Möglichkeit nach nicht eingesehen, obgleich auch nicht widerlegt werden kan, weil sie ein blosses Verstandeswesen betrift, ohne die aber die Vernunft auf immer unbefriedigt bleiben müßte?

Grenzen (bey ausgedehnten Wesen) setzen immer einen Raum voraus, der ausserhalb einem gewissen bestimmten Platze angetroffen wird, und ihn einschließt; Schranken bedürfen dergleichen nicht, sondern sind blose Verneinungen, die eine Grösse afficiren, so fern sie nicht absolute Vollständigkeit hat. Unsre Vernunft aber sieht gleichsam um sich einen Raum vor die Erkentniß der Dinge an sich selbst, ob sie gleich von ihnen niemals

mals bestimmte Begriffe haben kan, und nur auf Erscheinungen eingeschränkt ist.

So lange die Erkentniß der Vernunft gleichartig ist, lassen sich von ihr keine bestimmte Grenzen denken. In der Mathematik und Naturwissenschaft erkent die menschliche Vernunft zwar Schranken, aber keine Grenzen, d. i. zwar, daß etwas ausser ihr liege, wohin sie niemals gelangen kan, aber nicht, daß sie selbst in ihrem innern Fortgange irgendwo vollendet seyn werde. Die Erweiterung der Einsichten in der Mathematik, und die Möglichkeit immer neuer Erfindungen geht ins Unendliche; eben so die Entdeckung neuer Natureigenschaften, neuer Kräfte und Gesetze, durch fortgesetzte Erfahrung und Vereinigung derselben durch die Vernunft. Aber Schranken sind hier gleichwohl nicht zu verkennen, denn Mathematik geht nur auf Erscheinungen, und was nicht ein Gegenstand der sinnlichen Anschauung seyn kan, als die Begriffe der Metaphysik und Moral, das liegt ganz ausserhalb ihrer Sphäre, und dahin kan sie niemals führen; sie bedarf aber derselben auch gar nicht. Es ist also kein continuirlicher Fortgang und Annäherung zu diesen Wissenschaften, und gleichsam ein Punct oder Linie der Berührung. Naturwissenschaft wird uns niemals das Innere der Dinge, d. i. dasjenige, was nicht Erscheinung ist, aber doch zum obersten Erklärungsgrunde der Erscheinungen dienen kan, entdecken; aber sie braucht dieses auch nicht zu ihren physischen Erklärungen; ja, wenn ihr auch dergleichen anderweitig angeboten würde, (z. B. Einfluß immaterieller Wesen) so soll sie es doch ausschlagen und gar nicht in den Fortgang ihrer Erklärungen bringen, sondern diese jederzeit nur auf das gründen, was als Gegenstand der Sinne zu Erfahrung gehören, und mit unsern wirklichen Wahrnehmungen nach Erfahrungsgesetzen in Zusammenhang gebracht werden kan.

Allein Metaphysik führet uns in den dialectischen Versuchen der reinen Vernunft (die nicht willkührlich, oder muthwilliger Weise angefangen werden, sondern dazu die Natur der Vernunft selbst treibt) auf Grenzen, und die transscendentalen Ideen, eben dadurch, daß man ihrer nicht Umgang haben kan, daß sie sich gleichwohl niemals wollen realisiren lassen, dienen dazu, nicht allein uns wirklich die Grenzen des reinen Vernunftgebrauchs zu zeigen, sondern auch die Art, solche zu bestimmen, und das ist auch der Zweck und Nutzen dieser Naturanlage unserer Vernunft, welche Metaphysik, als ihr Lieblingskind, ausgebohren hat, dessen Erzeugung, so wie jede andere in der Welt, nicht dem ungefähren Zufalle, sondern einem ursprünglichen Keime zuzuschreiben ist, welcher zu grossen Zwecken weislich organisirt ist. Denn Metaphysik ist vielleicht mehr, wie irgend eine andere Wissenschaft, durch die Natur selbst ihren Grundzügen nach in uns gelegt, und kan gar nicht als das Product einer beliebigen Wahl, oder als zufällige Erweiterung beym Fortgange

der

der Erfahrungen (von denen sie sich gänzlich abtrennt) angesehen werden.

Die Vernunft, durch alle ihre Begriffe und Gesetze des Verstandes, die ihr zum empirischen Gebrauche, mithin innerhalb der Sinnenwelt, hinreichend sind, findet doch von sich dabey keine Befriedigung; denn durch ins Unendliche immer wiederkommende Fragen wird ihr alle Hoffnung zur vollendeten Auflösung derselben benommen. Die transscendentalen Ideen, welche diese Vollendung zur Absicht haben, sind solche Probleme der Vernunft. Nun sieht sie klärlich: daß die Sinnenwelt diese Vollendung nicht enthalten könne, mithin eben so wenig auch, alle jene Begriffe, die lediglich zum Verständnisse derselben dienen: Raum und Zeit, und alles, was wir unter dem Namen der reinen Verstandesbegriffe angeführt haben. Die Sinnenwelt ist nichts als eine Kette nach allgemeinen Gesetzen verknüpfter Erscheinungen, sie hat also kein Bestehen vor sich, sie ist eigentlich nicht das Ding an sich selbst, und bezieht sich also nothwendig auf das, was den Grund dieser Erscheinung enthält, auf Wesen, die nicht blos als Erscheinung, sondern als Dinge an sich selbst erkant werden können. In der Erkentniß derselben kan Vernunft allein hoffen, ihr Verlangen nach Vollständigkeit im Fortgange vom Bedingten zu dessen Bedingungen einmal befriedigt zu sehen.

Oben (§. 33. 34.) haben wir Schranken der Vernunft in Ansehung aller Erkentniß blosser Gedankenwesen

L 5

ange=

angezeigt, jetzt, da uns die transscendentalen Ideen dennoch den Fortgang bis zu ihnen nothwendig machen, und nur also gleichsam bis zur Berührung des vollen Raumes (der Erfahrung) mit dem leeren, (wovon wir nichts wissen können, den Noumenis) geführt haben, können wir auch die Grenzen der reinen Vernunft bestimmen; denn in allen Grenzen ist auch etwas Positives, (z. B. Fläche ist die Grenze des cörperlichen Raumes, indessen doch selbst ein Raum, Linie ein Raum, der die Grenze der Fläche ist, Punct die Grenze der Linie, aber doch noch immer ein Ort im Raume,) dahingegen Schranken blosse Negationen enthalten. Die im angeführten Hph angezeigte Schranken sind noch nicht genug, nachdem wir gefunden haben, daß noch über dieselbe etwas (ob wir es gleich, was es an sich selbst sey, niemals erkennen werden,) hinausliege. Denn nun frägt sich, wie verhält sich unsere Vernunft bey dieser Verknüpfung dessen, was wir kennen, mit dem, was wir nicht kennen, und auch niemals kennen werden? Hier ist eine wirkliche Verknüpfung des bekanten mit einem völlig unbekanten (was es auch jederzeit bleiben wird) und, wenn dabey das Unbekante auch nicht im Mindesten bekanter werden sollte — wie denn das in der That auch nicht zu hoffen ist — so muß doch der Begrif von dieser Verknüpfung bestimmt, und zur Deutlichkeit gebracht werden können.

Wir sollen uns denn also ein immaterielles Wesen, eine Verstandeswelt, und ein höchstes aller Wesen (lauter
Nou-

Noumena) denken, weil die Vernunft nur in diesen, als Dingen an sich selbst, Vollendung und Befriedigung antrift, die sie in der Ableitung der Erscheinungen aus ihren gleichartigen Gründen, niemals hoffen kan, und weil diese sich wirklich auf etwas von ihnen unterschiedenes (mithin gänzlich) ungleichartiges) beziehen, indem Erscheinungen doch jederzeit eine Sache an sich selbst voraussetzen, und also darauf Anzeige thun, man mag sie nun näher erkennen, oder nicht.

Da wir nun aber diese Verstandeswesen, nach dem, was sie an sich selbst seyn mögen, d. i. bestimmt, niemals erkennen können, gleichwohl aber solche im Verhältniß auf die Sinnenwelt dennoch annehmen, und durch die Vernunft damit verknüpfen müssen, so werden wir doch wenigstens diese Verknüpfung vermittelst solcher Begriffe denken können, die ihr Verhältniß zur Sinnenwelt ausdrucken. Denn, denken wir das Verstandeswesen durch nichts als reine Verstandesbegriffe, so denken wir uns dadurch wirklich nichts bestimmtes, mithin ist unser Begrif ohne Bedeutung: denken wir es uns durch Eigenschaften, die von der Sinnenwelt entlehnt sind, so ist es nicht mehr Verstandeswesen, es wird als eines von den Phänomenen gedacht und gehört zur Sinnenwelt. Wir wollen ein Beyspiel vom Begriffe des höchsten Wesens hernehmen.

Der Deistische Begrif ist ein ganz reiner Vernunftbegrif, welcher aber nur ein Ding, das alle Rea-
litär

lität enthält, vorstellt, ohne deren eine einzige bestimmen zu können, weil dazu das Beyspiel aus der Sinnenwelt entlehnt werden müßte, in welchem Falle ich es immer nur mit einem Gegenstande der Sinne, nicht aber mit etwas ganz ungleichartigem, was gar nicht ein Gegenstand der Sinne seyn kan, zu thun haben würde. Denn ich würde ihm z. B. Verstand beylegen; ich habe aber gar keinen Begrif von einem Verstande, als dem, der so ist, wie der meinige, nämlich ein solcher, dem durch Sinne Anschauungen müssen gegeben werden, und der sich damit beschäftigt, sie unter Regeln der Einheit des Bewustseyns zu bringen. Aber alsdenn würden die Elemente meines Begrifs immer in der Erscheinung liegen; ich würde aber eben durch die Unzulänglichkeit der Erscheinungen genöthigt, über dieselbe hinaus, zum Begriffe eines Wesens zu gehen, was gar nicht von Erscheinungen abhängig, oder damit, als Bedingungen seiner Bestimmung, verflochten ist. Sondere ich aber den Verstand von der Sinnlichkeit ab, um einen reinen Verstand zu haben; so bleibt nichts als die blosse Form des Denkens ohne Anschauung übrig, wodurch allein ich nichts bestimmtes, also keinen Gegenstand erkennen kan. Ich müßte mir zu dem Ende einen andern Verstand denken, der die Gegenstände anschauete, wovon ich aber nicht den mindesten Begrif habe, weil der menschliche discursiv ist, und nur durch allgemeine Begriffe erkennen kan. Eben das widerfährt mir auch, wenn ich dem höchsten Wesen einen Willen beylege: Denn ich habe

die-

diesen Begrif nur, indem ich ihn aus meiner innern Erfahrung ziehe, dabey aber meiner Abhängigkeit der Zufriedenheit von Gegenständen, deren Existenz wir bedürfen, und also Sinnlichkeit zum Grunde liegt, welches dem reinen Begriffe des höchsten Wesens gänzlich widerspricht.

Die Einwürfe des Hume wider den Deismus sind schwach, und treffen niemals etwas mehr als die Beweisthümer, niemals aber den Satz der deistischen Behauptung selbst. Aber in Ansehung des Theismus, der durch eine nähere Bestimmung unseres dort blos transscendenten Begrifs vom höchsten Wesen zu Stande kommen soll, sind sie sehr stark, und, nachdem man diesen Begrif einrichtet, in gewissen (in der That, allen gewöhnlichen) Fällen unwiderleglich. Hume hält sich immer daran: daß durch den blossen Begrif eines Urwesens, dem wir keine andere als ontologische Prädicate (Ewigkeit, Allgegenwart, Allmacht) beylegen, wir wirklich gar nichts bestimmtes denken, sondern es müsten Eigenschaften hinzukommen, die einen Begrif in concreto abgeben können: es sey nicht genug, zu sagen: er sey Ursache, sondern wie seine Caussalität beschaffen sey, etwa durch Verstand und Willen; und da fangen seine Angriffe der Sache selbst, nämlich des Theismus an, da er vorher nur die Beweisgründe des Deismus gestürmt hatte, welches keine sonderliche Gefahr nach sich ziehet. Seine gefährlichen Argumente beziehen sich insgesamt auf den Anthropomorphismus, von dem er davor hält, er sey von dem Theismi unabtrennlich, und mache ihn in sich selbst widersprechend, liesse man ihn aber weg, so fiele dieser hiemit auch, und es bliebe nichts als ein Deism übrig, aus dem man nichts machen, der uns zu nichts nützen und zu gar keinen Fundamenten der Religion und Sitten dienen kan. Wenn diese Unvermeidlichkeit des Anthropomorphismus gewiß wäre, so möchten die Beweise vom Daseyn eines höchsten Wesens seyn, welche sie wollen, und alle eingeräumt werden, der Begrif von diesem Wesen würde doch niemals von uns bestimmt werden können, ohne uns in Widersprüche zu verwickeln.

Wenn wir mit dem Verbot, alle transscendente Urtheile der reinen Vernunft zu vermeiden, das damit, dem Anschein nach, streitende Gebot, bis zu Begriffen, die ausserhalb dem Felde des immanenten (empirischen Gebrauchs) liegen, hinauszugehen, verknüpfen, so werden wir inne, daß beide zusammenbestehen können, aber nur gerade auf der Grenze alles erlaubten Vernunftgebrauchs; denn diese gehöret eben so wohl zum Felde der Erfahrung, als dem der Gedankenwesen, und wir werden dadurch zugleich belehrt, wie jene so merkwürdige Ideen lediglich zur Grenzbestimmung der menschlichen Vernunft dienen, nämlich, einerseits Erfahrungserkentniß nicht unbegrenzt auszudehnen, so daß gar nichts mehr als blos Welt von uns zu erkennen übrig bliebe, und andererseits dennoch nicht über die Grenze der Erfahrung hinauszugehen, und von Dingen ausserhalb derselben, als Dingen an sich selbst, urtheilen zu wollen.

Wir

Wir halten uns aber auf dieser Grenze, wenn wir unser Urtheil blos auf das Verhältnis einschränken, welches die Welt zu einem Wesen haben mag, dessen Begrif selbst ausser aller Erkentniß liegt, deren wir innerhalb der Welt fähig seyn. Dens alsdenn eignen wir dem höchsten Wesen keine von den Eigenschaften an sich selbst zu, durch die wir uns Gegenstände der Erfahrung denken, und vermeiden dadurch den dogmatischen Anthropomorphismus, wir legen sie aber dennoch dem Verhältnisse desselben zur Welt bey, und erlauben uns einen symbolischen Anthropomorphism, der in der That nur die Sprache und nicht das Object selbst angeht.

Wenn ich sage, wir sind genöthigt, die Welt so anzusehen, als ob sie das Werk eines höchsten Verstandes und Willens sey, so sage ich wirklich nichts mehr, als: wie verhält sich eine Uhr, ein Schiff, ein Regiment, zum Künstler, Baumeister, Befehlshaber, so die Sinnenwelt (oder alles das, was die Grundlage dieses Inbegrifs von Erscheinungen ausmacht) zu dem Unbekanten, das ich also hiedurch zwar nicht nach dem, was es an sich selbst ist, aber doch nach dem, was es vor mich ist, nämlich in Ansehung der Welt, davon ich ein Theil bin, erkenne.

§. 58.

Eine solche Erkentniß ist die **nach der Analogie**, welche nicht etwa, wie man das Wort gemeiniglich nimmt,

eine

eine unvollkommene Aehnlichkeit zweener Dinge, sondern eine vollkommne Aehnlichkeit zweener Verhältnisse zwischen ganz unähnlichen Dingen bedeutet *). Vermittelst dieser Analogie bleibt doch ein vor uns hinlänglich bestimmter Begrif von dem höchsten Wesen übrig, ob wir gleich alles weggelassen haben, was ihn schlechthin und an sich selbst bestimmen könte; denn wir bestimmen ihn doch respectiv auf die Welt und mithin auf uns, und mehr ist uns auch nicht nöthig. Die Angriffe, welche Hume auf diejenigen thut, welche diesen Begrif absolut bestimmen wollen, indem sie die Materialien dazu von sich selbst und der Welt entlehnen,

---

*) So ist eine Analogoie zwischen dem rechtlichen Verhältnisse menschlicher Handlungen, und dem mechanischen Verhältnisse der bewegenden Kräfte: ich kan gegen einen andern niemals etwas thun, ohne ihm ein Recht zugeben, unter den nämlichen Bedingungen eben dasselbe gegen mich zu thun; eben so wie kein Körper auf einen andern mit seiner bewegenden Kraft wirken kan, ohne dadurch zu verursachen, daß der andre ihm eben so viel entgegen wirke. Hier sind Recht und bewegende Kraft ganz unähnliche Dinge, aber in ihrem Verhältnisse ist doch völlige Aehnlichkeit. Vermittelst einer solchen Analogie kan ich daher einen Verhältnisbegrif von Dingen, die mir absolut unbekant sind, geben. Z. B. wie sich verhält die Beförderung des Glücks der Kinder = a. zu der Liebe der Eltern = b. so die Wohlfahrt des menschlichen Geschlechts = c. zu dem Unbekanten in Gott = x, welches wir Liebe nennen; nicht als wenn es die mindeste Aehnlichkeit mit irgend einer menschlichen Neigung hätte, sondern, weil wir das Verhältnis derselben zur Welt demjenigen ähnlich setzen können, was Dinge der Welt unter einander haben. Der Verhältnisbegrif aber ist hier eine blosse Categorie, nämlich der Begrif der Ursache, der nichts mit Sinnlichkeit zu thun hat.

lehnen, treffen uns nicht; auch kan er uns nicht vorwerfen, es bleibe uns gar nichts übrig, wenn man uns den objectiven Anthropomorphism von dem Begriffe des höchsten Wesens wegnähme.

Denn wenn man uns nur anfangs (wie es auch Hume in der Person des Philo gegen den Cleanth in seinen Dialogen thut), als eine nothwendige Hypothese, den deistischen Begrif des Urwesens einräumt, in welchem man sich das Urwesen durch lauter ontologische Prädicate, der Substanz, Ursache ꝛc. denkt, (welches man thun muß, weil die Vernunft in der Sinnenwelt durch lauter Bedingungen, die immer wiederum bedingt sind, getrieben, ohne das gar keine Befriedigung haben kan und welches man auch füglich thun kan, ohne in den Anthropomorphism zu gerathen, der Prädicate aus der Sinnenwelt auf ein von der Welt ganz unterschiedenes Wesen überträgt, indem jene Prädicate blosse Categorien sind, die zwar keinen bestimmten, aber auch eben dadurch keinen auf Bedingungen der Sinnlichkeit eingeschränkten Begrif desselben geben): so kan uns nichts hindern von diesem Wesen eine Caussalität durch Vernunft in Ansehung der Welt zu prädiciren, und so zum Theismus überzuschreiten, ohne eben genöthigt zu seyn, ihm diese Vernunft an ihm selbst, als eine ihm anklebende Eigenschaft, beyzulegen. Denn, was das Erste betrift, so ist es der einzige mögliche Weg, den Gebrauch der Vernunft, in Ansehung aller möglichen Erfahrung, in

M. der

der Sinnenwelt durchgängig mit sich einstimmig auf den höchsten Grad zu treiben, wenn man selbst wiederum eine höchste Vernunft als eine Ursache aller Verknüpfungen in der Welt annimmt: ein solches Princip muß ihr durchgängig vortheilhaft seyn, kan ihr aber nirgend in ihrem Naturgebrauche schaden; Zweytens aber wird dadurch doch die Vernunft nicht als Eigenschaft auf das Urwesen an sich selbst übertragen, sondern nur auf das Verhältniß desselben zur Sinnenwelt und also der Anthropomorphism gänzlich vermieden. Denn hier wird nur die Ursache der Vernunftform betrachtet, die in der Welt allenthalben angetroffen wird, und dem höchsten Wesen, so fern es den Grund dieser Vernunftform der Welt enthält, zwar Vernunft beygelegt, aber nur nach der Analogie, d. i. so fern dieser Ausdruck nur das Verhältniß anzeigt, was die uns unbekante oberste Ursache zur Welt hat, um darin alles im höchsten Grade vernunftmäßig zu bestimmen. Dadurch wird nun verhütet, daß wir uns der Eigenschaft der Vernunft nicht bedienen, um Gott, sondern um die Welt vermittelst derselben so zu denken, als es nothwendig ist, um den größtmöglichen Vernunftgebrauch in Ansehung dieser nach einem Princip zu haben. Wir gestehen dadurch: daß uns das höchste Wesen nach demjenigen, was es an sich selbst sey, gänzlich unerforschlich und auf bestimmte Weise so gar undenkbar sey, und werden dadurch abgehalten, nach unseren Begriffen, die wir von der Vernunft als einer wirkenden Ursache (vermittelst des Willens)

lens) haben, keinen transscendenten Gebrauch zu machen, um die göttliche Natur durch Eigenschaften, die doch immer nur von der menschlichen Natur entlehnt sind, zu bestimmen und uns in grobe oder schwärmerische Begriffe zu verlieren, anderer Seits aber auch nicht die Weltbetrachtung, nach unseren auf Gott übertragenden Begriffen von der menschlichen Vernunft, mit hyperphysischen Erklärungsarten zu überschwemmen und von ihrer eigentlichen Bestimmung abzubringen, nach der sie ein Studium der blossen Natur durch die Vernunft und nicht eine vermessene Ableitung ihrer Erscheinungen von einer höchsten Vernunft seyn soll. Der unseren schwachen Begriffen angemessene Ausdruck wird seyn: daß wir uns die Welt so denken, als ob sie von einer höchsten Vernunft ihrem Daseyn und inneren Bestimmung nach abstamme, wodurch wir theils die Beschaffenheit, die ihr, der Welt, selbst zukommt, erkennen, ohne uns doch anzumaßen, die ihrer Ursache an sich selbst bestimmen zu wollen, theils anderer Seits in das Verhältniß der obersten Ursache zur Welt den Grund dieser Beschaffenheit (der Vernunftform in der Welt) legen, ohne die Welt dazu vor sich selbst zureichend zu finden *).

*) Ich werde sagen: die Caussalität der obersten Ursache ist dasjenige in Ansehung der Welt, was menschliche Vernunft in Ansehung ihrer Kunstwerke ist. Dabey bleibt mir die Natur der obersten Ursache selbst unbekant: ich vergleiche nur ihre mir bekante Wirkung (die Weltordnung) und deren Vernunftmäßigkeit mit den mir bekanten Wirkungen menschlicher

Auf solche Weise verschwinden die Schwierigkeiten, die dem Theismus zu widerstehen scheinen, dadurch: daß man mit dem Grundsatze des Hume, den Gebrauch der Vernunft nicht über das Feld aller möglichen Erfahrung dogmatisch hinaus zu treiben, einen anderen Grundsatz verbindet, den Hume gänzlich übersah, nämlich: das Feld möglicher Erfahrung nicht vor dasjenige, was in den Augen unserer Vernunft sich selbst begrenzte, anzusehen. Critik der Vernunft bezeichnet hier den wahren Mittelweg zwischen dem Dogmatism, den Hume bekämpfte, und dem Scepticism, den er dagegen einführen wollte, einen Mittelweg, der nicht, wie andere Mittelwege, die man gleichsam mechanisch (etwas von einem, und etwas von dem andern) sich selbst zu bestimmen anräth, und wodurch kein Mensch eines besseren belehrt wird, sondern einen solchen, den man nach Principien genau bestimmen kan.

§. 59.

Ich habe mich zu Anfange dieser Anmerkung des Sinnbildes einer Grenze bedient, um die Schranken der Vernunft in Ansehung ihres angemessenen Gebrauchs festzusetzen. Die Sinnenwelt enthält blos Erscheinungen, die noch nicht Dinge an sich selbst sind, welche letztere (Noumena) also der Verstand, eben darum,

---

licher Vernunft, und nenne daher jene eine Vernunft, ohne darum eben dasselbe, was ich am Menschen unter diesem Ausdruck verstehe, oder sonst etwas mir bekantes ihr als ihre Eigenschaft beyzulegen.

darum, weil er die Gegenstände der Erfahrung vor bloße Erscheinungen erkent, annehmen muß. In unserer Vernunft sind beide zusammen befaßt, und es frägt sich: wie verfährt Vernunft, den Verstand in Ansehung beider Felder zu begrenzen? Erfahrung, welche alles, was zur Sinnenwelt gehört, enthält, begrenzt sich nicht selbst: sie gelangt von jedem Bedingten immer nur auf ein anderes Bedingte. Das, was sie begrenzen soll, muß gänzlich ausser ihr liegen, und dieses ist das Feld der reinen Verstandeswesen. Dieses aber ist vor uns ein leerer Raum, so fern es auf die Bestimmung der Natur dieser Verstandeswesen ankommt, und so fern können wir, wenn es auf dogmatisch-bestimmte Begriffe angesehen ist, nicht über das Feld möglicher Erfahrung hinaus kommen. Da aber eine Grenze selbst etwas Positives ist, welches so wohl zu dem gehört, was innerhalb derselben, als zum Raume der ausser einem gegebenen Inbegrif liegt, so ist es doch eine wirkliche positive Erkentniß, deren die Vernunft blos dadurch theilhaftig wird, daß sie sich bis zu dieser Grenze erweitert, so doch, daß sie nicht über diese Grenze hinaus zu gehen versucht, weil sie daselbst einen leeren Raum vor sich findet, in welchem sie zwar Formen zu Dingen, aber keine Dinge selbst denken kan. Aber die Begrenzung des Erfahrungsfeldes durch etwas, was ihr sonst unbekant ist, ist doch eine Erkentniß, die der Vernunft in diesem Standpuncte noch übrig bleibt, dadurch sie nicht innerhalb der Sinnenwelt beschlossen, auch nicht ausser derselben schwärmend, sondern so, wie

es einer Kentniß der Grenze zukomt, sich blos auf das Verhältniß desjenigen, was ausserhalb derselben liegt, zu dem, was innerhalb enthalten ist, einschränkt.

Die natürliche Theologie ist ein solcher Begrif auf der Grenze der menschlichen Vernunft, da sie sich genöthigt sieht, zu der Idee eines höchsten Wesens (und, in practischer Beziehung, auch auf die einer intelligibelen Welt) hinauszusehen, nicht, um in Ansehung dieses blossen Verstandeswesens, mithin ausserhalb der Sinnenwelt, etwas zu bestimmen, sondern nur um ihren eigenen Gebrauch innerhalb derselben nach Principien der größt-möglichen (theoretischen so wohl als practischen) Einheit zu leiten, und zu diesem Behuf sich der Beziehung derselben auf eine selbstständige Vernunft, als der Ursache aller dieser Verknüpfungen, zu bedienen, hiedurch aber nicht etwa sich blos ein Wesen zu erdichten, sondern, da ausser der Sinnenwelt nothwendig Etwas, was nur der reine Verstand denkt, anzutreffen seyn muß, dieses nur auf solche Weise, obwohl freylich blos nach der Analogie, zu bestimmen.

Auf solche Weise bleibt unser obiger Satz, der das Resultat der ganzen Critik ist: „daß uns Vernunft „durch alle ihre Principien a priori niemals etwas „mehr, als lediglich Gegenstände möglicher Erfahrung „und auch von diesen nichts mehr, als was in der „Erfahrung erkant werden kan, lehre„; aber diese Einschränkung hindert nicht, daß sie uns nicht bis zur

objec-

objectiven Grenze der Erfahrung, nämlich der Beziehung auf etwas, was selbst nicht Gegenstand der Erfahrung, aber doch der oberste Grund aller derselben seyn muß, führe, ohne uns doch von demselben etwas an sich, sondern nur in Beziehung auf ihren eigenen vollständigen und auf die höchsten Zwecke gerichteten Gebrauch im Felde möglicher Erfahrung, zu lehren. Dieses ist aber auch aller Nutzen, den man vernünftiger Weise hieben auch nur wünschen kan, und mit welchem man Ursache hat zufrieden zu seyn.

§. 60.

So haben wir Metaphysik, wie sie wirklich in der Naturanlage der menschlichen Vernunft gegeben ist, und zwar in demjenigen, was den wesentlichen Zweck ihrer Bearbeitung ausmacht, nach ihrer subjectiven Möglichkeit ausführlich dargestellt. Da wir indessen doch fanden, daß dieser blos natürliche Gebrauch einer solchen Anlage unserer Vernunft, wenn keine Disciplin derselben, welche nur durch wissenschaftliche Critik möglich ist, sie zügelt und in Schranken setzt, sie in übersteigende, theils blos scheinbare, theils unter sich so gar strittige dialectische Schlüsse verwickelt, und überdem diese vernünftelnde Metaphysik zur Beförderung der Naturkentniß entbehrlich, ja wohl gar ihr nachtheilig ist, so bleibt es noch immer eine der Nachforschung würdige Aufgabe, die Naturzwecke, worauf diese Anlage zu transscendenten Begriffen in unsere

Vernunft abgezielt seyn mag, auszufinden, weil alles, was in der Natur liegt, doch auf irgend eine nützliche Absicht ursprünglich angelegt seyn muß.

Eine solche Untersuchung ist in der That mislich: auch gestehe ich, daß es nur Muthmaßung sey, wie alles, was die ersten Zwecke der Natur betrift, was ich hievon zu sagen weiß, welches mir auch in diesem Fall allein erlaubt seyn mag, da die Frage nicht die objective Gültigkeit metaphysischer Urtheile, sondern die Naturanlage zu denselben angeht, und also ausser dem System der Metaphysik in der Anthropologie liegt.

Wenn ich alle transscendentale Ideen, deren Inbegrif die eigentliche Aufgabe der natürlichen reinen Vernunft ausmacht, welche sie nöthigt, die bloße Naturbetrachtung zu verlassen, und über alle mögliche Erfahrung hinauszugehen und in dieser Bestrebung das Ding, (es sey Wissen oder Vernünfteln) was Metaphysik heißt, zu Stande zu bringen, so glaube ich gewahr zu werden, daß diese Naturanlage dahin abgezielet sey, unseren Begrif von den Fesseln der Erfahrung und den Schranken der bloßen Naturbetrachtung so weit loszumachen, daß er wenigstens ein Feld vor sich eröffnet sehe, was blos Gegenstände vor den reinen Verstand enthält, die keine Sinnlichkeit erreichen kan, zwar nicht in der Absicht, um uns mit diesen speculativ zu beschäftigen (weil wir keinen Boden finden, worauf wir Fuß fassen können), sondern damit practi-

sche

sche Principien, die, ohne einen solchen Raum vor ihre nothwendige Erwartung und Hoffnung vor sich zu finden, sich nicht zu der Allgemeinheit ausbreiten könten, deren die Vernunft in moralischer Absicht unumgänglich bedarf.

Da finde ich nun, daß die psychologische Idee, ich mag dadurch auch noch so wenig von der reinen und über alle Erfahrungsbegriffe erhabenen Natur der menschlichen Seele einsehen, doch wenigstens die Unzulänglichkeit der letzteren deutlich gnug zeige, und mich dadurch vom Materialism, als einem zu keiner Naturerklärung tauglichen, und überdem die Vernunft in practischer Absicht verengenden psychologischen Begriffe abführe. So dienen die cosmologischen Ideen durch die sichtbare Unzulänglichkeit aller möglichen Naturerkentniß, die Vernunft in ihrer rechtmäßigen Nachfrage zu befriedigen, uns vom Naturalism, der die Natur vor sich selbst gnugsam ausgeben will, abzuhalten. Endlich da alle Naturnothwendigkeit in der Sinnenwelt jederzeit bedingt ist, indem sie immer Abhängigkeit der Dinge von andern voraussetzt, und die unbedingte Nothwendigkeit nur in der Einheit einer von der Sinnenwelt unterschiedenen Ursache gesucht werden muß, die Caussalität derselben aber wiederum, wenn sie blos Natur wäre, niemals das Daseyn des Zufälligen als seine Folge begreiflich machen könte, so macht sich die Vernunft vermittelst der theologischen Idee vom Fatalism los, so wohl einer blinden Naturnothwendigkeit in dem Zusammenhange der Natur selbst, ohne erstes Princip, als auch in der Caussalität dieses Princip's selbst, und führt auf den Begrif einer Ursache durch Freyheit, mithin einer obersten Intelligenz. So dienen die transscendentalen Ideen, wenn gleich nicht dazu, uns positiv zu belehren, doch die freche und das Feld der Vernunft verengenden Behauptungen des Materialismus, Naturalismus, und Fatalismus aufzuheben, und dadurch den moralischen Ideen ausser dem Felde der Speculation Raum zu verschaffen, und dieses würde, dünkt mich, jene Naturanlage einigermaßen erklären.

Der praktische Nutzen, den eine blos speculative Wissenschaft haben mag, liegt ausserhalb den Grenzen dieser Wissenschaft, kan also blos als ein Scholion angesehen werden, und gehört, wie alle Scholien, nicht als ein Theil zur Wissenschaft selbst. Gleichwohl liegt diese Beziehung doch wenigstens innerhalb den Grenzen der Philosophie, vornemlich derjenigen, welche aus reinen Vernunftquellen schöpft, wo der speculative Gebrauch der Vernunft in der Metaphysik mit dem practischen in der Moral nothwendig Einheit haben muß. Daher die unvermeidliche Dialectik der reinen Vernunft, in einer Metaphysik als Naturanlage betrachtet, nicht blos als ein Schein, der aufgelöset zu werden bedarf, sondern auch als Naturanstalt seinem Zwecke nach, wenn man kan, erklärt zu werden verdient,

dient, wiewohl dieses Geschäfte, als überverdienstlich, der eigentlichen Metaphysik mit Recht nicht zugemuthet werden darf.

Vor ein zweytes, aber mehr mit dem Inhalte der Metaphysik verwandtes Scholion, müßte die Auflösung der Fragen gehalten werden, die in der Critik von Seite 647 bis 668 fortgehen. Denn da werden gewisse Vernunftprincipien vorgetragen, die die Naturordnung oder vielmehr den Verstand, der ihre Gesetze durch Erfahrung suchen soll, a priori bestimmen. Sie scheinen constitutiv und gesetzgebend in Ansehung der Erfahrung zu seyn, da sie doch aus bloßer Vernunft entspringen, welche nicht so, wie Verstand, als ein Princip möglicher Erfahrung angesehen werden darf. Ob nun diese Uebereinstimmung darauf beruhe, daß, so wie Natur den Erscheinungen oder ihrem Quell, der Sinnlichkeit, nicht an sich selbst anhängt, sondern nur in der Beziehung der letzteren auf den Verstand angetroffen wird, so diesem Verstande die durchgängige Einheit seines Gebrauchs, zum Behuf einer gesammten möglichen Erfahrung (in einem System) nur mit Beziehung auf die Vernunft zukommen könne, mithin auch Erfahrung mittelbar unter der Gesetzgebung der Vernunft stehe, mag von denen, welche der Natur der Vernunft, auch außer ihrem Gebrauch in der Metaphysik, so gar in den allgemeinen Principien eine Naturgeschichte überhaupt systematisch zu machen, nachspüren wollen, weiter erwogen werden; denn diese Aufgabe

gabe habe ich in der Schrift selbst zwar als wichtig vorgestellt, aber ihre Auflösung nicht versucht *).

Und so endige ich die analytische Auflösung der von mir selbst aufgestellten Hauptfrage: Wie ist Metaphysik überhaupt möglich? indem ich von demjenigen, wo ihr Gebrauch wirklich, wenigstens in den Folgen gegeben ist, zu den Gründen ihrer Möglichkeit hinaufstieg.

Auflösung
der Allgemeinen Frage
der Prolegomenen
Wie ist Metaphysik als Wissenschaft möglich?

Metaphysik, als Naturanlage der Vernunft, ist wirklich, aber sie ist auch vor sich allein (wie die analytische Auflösung der dritten Hauptfrage bewies) dialectisch und trüglich. Aus dieser also die Grundsätze hernehmen

---

*) Es ist mein immerwährender Vorsatz durch die Critik gewesen, nichts zu versäumen, was die Nachforschung der Natur der reinen Vernunft zur Vollständigkeit bringen könte, ob es gleich noch so tief verborgen liegen möchte. Es steht nachher in jedermanns Belieben, wie weit er seine Untersuchung treiben will, wenn ihm nur angezeigt worden, welche noch anzustellen seyn möchten, denn dieses kan man von demjenigen billig erwarten, der es sich zum Geschäfte gemacht hat, dieses ganze Feld zu übermessen, um es hernach zum künftigen Anbau und beliebigen Austheilung andern zu überlassen. Dahin gehören auch die beiden Scholien, welche sich durch ihre Trockenheit Liebhabern wohl schwerlich empfehlen dürften, und daher nur vor Kenner hingestellt worden.

men wollen, und in dem Gebrauche derselben dem zwar natürlichen, nichts destoweniger aber falschen Scheine folgen, kan niemals Wissenschaft, sondern nur eitele dialectische Kunst hervorbringen, darin es eine Schule der andern zuvorthun, keine aber jemals einen rechtmäßigen und dauernden Beyfall erwerben kan.

Damit sie nun als Wissenschaft nicht blos auf trügliche Ueberredung, sondern auf Einsicht und Ueberzeugung Anspruch machen könne, so muß eine Critik der Vernunft selbst den ganzen Vorrath der Begriffe a priori, die Eintheilung derselben nach den verschiedenen Quellen, der Sinnlichkeit, dem Verstande und der Vernunft, ferner eine vollständige Tafel derselben, und die Zergliederung aller dieser Begriffe, mit allem, was daraus gefolgert werden kan, darauf aber vornemlich die Möglichkeit des synthetischen Erkentnisses a priori, vermittelst der Deduction dieser Begriffe, die Grundsätze ihres Gebrauchs, endlich auch die Grenzen desselben, alles aber in einem vollständigen System darlegen. Also enthält Critik, und auch sie ganz allein, den ganzen wohlgeprüften und bewährten Plan, ja so gar alle Mittel der Vollziehung in sich, wornach Metaphysik als Wissenschaft zu Stand gebracht werden kan; durch andere Wege und Mittel ist sie unmöglich. Es frägt sich also hier nicht so wohl, wie dieses Geschäfte möglich, sondern nur wie es in Gang zu bringen, und gute Köpfe von der bisherigen verkehrten und fruchtlosen zu einer untrüglichen Bearbeitung zu bewegen seyn, und wie eine solche Ver-
einit-

gabe hab... ...nschaftlichen Zweck am fuglich-
geſt... ...ne.
     ...: wer einmal Critik gekoſtet hat,
      ... alles dogmatiſche Gewäſche, wo-
      ...eoth vorlieb nahm, weil ſeine Ver-
nun... ...te, und nichts beſſeres zu ihrer Unterhaltung finden ...te. Die Critik verhält ſich zur gewöhnlichen Schulmetaphyſik gerade wie Chemie zur Alchimie,
oder wie Aſtronomie zur wahrſagenden Aſtrologie. Ich
bin davor gut, daß Niemand, der die Grundſätze der Critik
auch nur in dieſen Prolegomenen durchgedacht und gefaßt
hat, jemals wieder zu jener alten und ſophiſtiſchen Schein-
wiſſenſchaft zurückkehren werde; vielmehr wird er mit
einem gewiſſen Ergötzen auf eine Metaphyſik hinaus-
ſehen, die nunmehr allerdings in ſeiner Gewalt iſt, auch
keiner vorbereitenden Entdeckungen mehr bedarf, und die
zuerſt der Vernunft daurende Befriedigung verſchaffen
kan. Denn das iſt ein Vorzug, auf welchen unter
allen möglichen Wiſſenſchaften Metaphyſik allein mit
Zuverſicht rechnen kann, nämlich, daß ſie zur Vollendung und in den beharrlichen Zuſtand gebracht werden
kan, da ſie ſich weiter nicht verändern darf, auch keiner
Vermehrung durch neue Entdeckungen fähig iſt; weil
die Vernunft hier die Quellen ihrer Erkenntniß nicht in
den Gegenſtänden und ihrer Anſchauung, (durch die
ſie nicht ferner eines Mehreren belehrt werden kan) ſondern in ſich ſelbſt hat, und, wenn ſie die Grundgeſetze
ihres Vermögens vollſtändig und gegen alle Misdeutung
be-

bestimmt dargestellt hat, nichts übrig bleibt, was reine Vernunft a priori erkennen, ja auch nur was sie mit Grunde fragen könte. Die sichere Aussicht auf ein so bestimmtes und geschlossenes Wissen hat einen besondern Reiz bey sich, wenn man gleich allen Nutzen (von welchem ich hernach noch reden werde) bey Seite setzt.

Alle falsche Kunst, alle eitele Weisheit dauert ihre Zeit; denn endlich zerstört sie sich selbst, und die höchste Cultur derselben ist zugleich der Zeitpunct ihres Unterganges. Daß in Ansehung der Metaphysik diese Zeit jetzt da sey, beweiset der Zustand, in welchen sie bey allem Eifer, womit sonst Wissenschaften aller Art bearbeitet werden, unter allen gelehrten Völkern verfallen ist. Die alte Einrichtung der Universitätsstudien erhält noch ihren Schatten, eine einzige Academie der Wissenschaften bewegt noch dann und wann durch ausgesetzte Preise, ein und anderen Versuch darin zu machen, aber unter gründliche Wissenschaften wird sie nicht mehr gezählet, und man mag selbst urtheilen, wie etwa ein geistreicher Mann, den man einen großen Metaphysiker nennen wollte, diesen wohlgemeinten, aber kaum von jemanden beneideten Lobspruch aufnehmen würde.

Ob aber gleich die Zeit des Verfalls aller dogmatischen Metaphysik ungezweifelt da ist, so fehlt doch noch manches dran, um sagen zu können, daß die Zeit ihrer Wiedergeburt, vermittelst einer gründlichen und
vollen-

vollendeten Critik der Vernunft dagegen schon erschienen sey. Alle Uebergänge von einer Neigung zu der ihr entgegengesetzten gehen durch den Zustand der Gleichgültigkeit, und dieser Zeitpunct ist der gefährlichste vor einen Verfasser, aber, wie mich dünkt, doch der günstigste vor die Wissenschaft. Denn wenn durch gänzliche Trennung vormaliger Verbindungen der Parteygeist erloschen ist, so sind die Gemüther in der besten Verfassung, nur allmälig Vorschläge zur Verbindung nach einem anderen Plane anzuhören.

Wenn ich sage, daß ich von diesen Prolegomenen hoffe, sie werden die Nachforschung im Felde der Critik vielleicht rege machen, und dem allgemeinen Geiste der Philosophie, dem es im speculativen Theile an Nahrung zu fehlen scheint, einen neuen und viel versprechenden Gegenstand der Unterhaltung darreichen, so kan ich mir schon zum voraus vorstellen: daß jederman, der die dornigten Wege, die ich ihn in der Critik geführt habe, unwillig und überdrüßig gemacht haben, mich fragen werde, worauf ich wohl diese Hoffnung gründe? Ich antworte, auf das **unwiderstehliche Gesetz der Nothwendigkeit.**

Daß der Geist des Menschen metaphysische Untersuchungen einmal gänzlich aufgeben werde, ist eben so wenig zu erwarten, als daß wir, um nicht immer unreine Luft zu schöpfen, das Athemholen einmal lieber ganz und gar einstellen würden. Es wird also in der Welt jederzeit, und was noch mehr, bey jedem, vornemlich dem nachdenkenden Menschen Metaphyſik ſeyn, die, in Ermangelung eines öffentlichen Richtmaßes, jeder ſich nach ſeiner Art zuſchneiden wird. Nun kan das, was bis daher Metaphyſik geheiſſen hat, keinem prüfenden Kopfe ein Gnüge thun, ihr aber gänzlich zu entſagen, iſt doch auch unmöglich, alſo muß endlich eine Critik der reinen Vernunft ſelbſt verſucht, oder, wenn eine da iſt, unterſucht, und in allgemeine Prüfung gezogen werden, weil es ſonſt kein Mittel giebt, dieſer dringenden Bedürfniß, welche noch etwas mehr, als bloſſe Wißbegierde iſt, abzuhelfen.

Seitdem ich Critik kenne, habe ich am Ende des Durchleſens einer Schrift metaphyſiſchen Inhalts, die mich durch Beſtimmung ihrer Begriffe, durch Mannigfaltigkeit und Ordnung und einen leichten Vortrag ſo wohl unterhielt, als auch cultivirte, mich nicht entbrechen können, zu fragen: hat dieſer Autor wohl die Metaphyſik um einen Schritt weiter gebracht? Ich bitte die gelehrten Männer um Vergebung, deren Schriften mir in anderer Abſicht genützt, und immer zur Cultur der Gemüthskräfte beygetragen haben, weil ich geſtehe, daß ich weder in ihren noch in meinen geringeren Verſuchen (denen doch Eigenliebe zum Vortheil ſpricht) habe finden können, daß dadurch die Wiſſenſchaft im mindeſten weiter gebracht worden, und dieſes zwar aus dem ganz natürlichen Grunde, weil

N die

die Wissenschaft noch nicht existirte, und auch nicht stückweise zusammengebracht werden kan, sondern ihr Keim
in der Critik vorher völlig präformirt seyn muß. Man
muß aber, um alle Misdeutung zu verhüten, sich aus
dem vorigen wohl erinnern, daß durch analytische Behandlung unserer Begriffe zwar dem Verstande allerdings recht viel genutzt, die Wissenschaft der (Metaphysik) aber dadurch nicht im mindesten weiter gebracht
werde, weil jene Zergliederungen der Begriffe nur Materialien sind, daraus allererst Wissenschaft gezimmert
werden soll. So mag man den Begrif von Substanz
und Accidens noch so schön zergliedern und bestimmen;
das ist recht gut als Vorbereitung zu irgend einem
künftigen Gebrauche. Kan ich aber gar nicht beweisen, daß in allem, was da ist, die Substanz beharre,
und nur die Accidenzen wechseln, so war durch alle jene Zergliederung die Wissenschaft nicht im mindesten
weiter gebracht. Nun hat Metaphysik weder diesen
Satz, noch den Satz des zureichenden Grundes, vielweniger irgend einen zusammengesetztern, als z. B.
einen zur Seelenlehre oder Cosmologie gehörigen, und
überall gar keinen synthetischen Satz bisher a priori
gültig beweisen können: also ist durch alle jene Analysis
nichts ausgerichtet, nichts geschafft und gefördert worden, und die Wissenschaft ist nach so viel Gewühl und
Geräusch noch immer da, wo sie zu Aristoteles Zeiten war, obzwar die Veranstaltungen dazu, wenn
man nur erst den Leitfaden zu synthetischen Erkentnissen

sen gefunden hätte, ohnstreitig viel besser, wie sonst getroffen worden.

Glaubt jemand sich hiedurch beleidigt, so kan er diese Beschuldigung leicht zu nichte machen, wenn er nur einen einzigen synthetischen, zur Metaphysik gehörigen Satz anführen will, den er auf dogmatische Art a priori zu beweisen sich erbietet, denn nur dann, wenn er dieses leistet, werde ich ihm einräumen, daß er wirklich die Wissenschaft weiter gebracht habe: sollte dieser Satz auch sonst durch die gemeine Erfahrung genug bestätigt seyn. Keine Foderung kan gemäßigter und billiger seyn, und, im (unausbleiblich gewissen) Fall der Nichtleistung, kein Ausspruch gerechter, als der: daß Metaphysik als Wissenschaft bisher noch gar nicht existirt habe.

Nur zwey Dinge muß ich, im Fall, daß die Ausfoderung angenommen wird, verbitten: Erstlich, das Spielwerk von Wahrscheinlichkeit und Muthmaßung, welches der Metaphysik eben so schlecht ansteht, als der Geometrie: zweytens die Entscheidung vermittelst der Wünschelruthe des so genanten gesunden Menschenverstandes, die nicht jedermann schlägt, sondern sich nach persönlichen Eigenschaften richtet.

Denn was das erstere anlangt, so kan wohl nichts Ungereimteres gefunden werden, als in einer Metaphysik, einer Philosophie aus reiner Vernunft, seine Urtheile auf Wahrscheinlichkeit und Muthmaßung gründen zu wollen. Alles, was a priori erkant werden soll, wird eben dadurch vor apodictisch gewiß ausgegeben, und muß also auch so bewiesen werden. Man könte eben so gut eine Geometrie, oder Arithmetik auf Muthmaßungen gründen wollen; denn was den calculus probabilium der letzteren betrift, so enthält er nicht wahrscheinliche, sondern ganz gewisse Urtheile über den Grad der Möglichkeit gewisser Fälle, unter gegebenen gleichartigen Bedingungen, die in der Summe aller möglichen Fälle ganz unfehlbar der Regel gemäß zutreffen müssen, ob diese gleich in Ansehung jedes einzelnen Zufalles nicht gnug bestimmt ist. Nur in der empirischen Naturwissenschaft können Muthmaßungen (vermittelst der Induction und Analogie) gelitten werden, doch so, daß wenigstens die Möglichkeit dessen, was ich annehme, völlig gewiß seyn muß.

Mit der Berufung auf den gesunden Menschenverstand, wenn von Begriffen und Grundsätzen, nicht so fern sie in Ansehung der Erfahrung gültig seyn sollen, sondern so fern sie auch ausser den Bedingungen der Erfahrung vor geltend ausgegeben werden wollen, ist es, wo möglich, noch schlechter bewandt. Denn was ist der gesunde Verstand? Es ist der gemeine Ver-

Verstand, so fern er richtig urtheilt. Und was ist nun der gemeine Verstand? Er ist das Vermögen der Erkentniß und des Gebrauchs der Regeln in concreto, zum Unterschiede des speculativen Verstandes, welcher ein Vermögen der Erkentniß der Regeln in abstracto ist. So wird der gemeine Verstand die Regel: daß alles, was geschieht, vermittelst seiner Ursache bestimmt sey, kaum verstehen, niemals aber so im allgemeinen einsehen können. Er fordert daher ein Beispiel aus Erfahrung, und, wenn er hört, daß dieses nichts anders bedeute, als was er jederzeit gedacht hat, wenn ihm eine Fensterscheibe zerbrochen oder ein Hausrath verschwunden war, so versteht er den Grundsatz und räumt ihn auch ein. Gemeiner Verstand hat also weiter keinen Gebrauch, als so fern er seine Regeln (obgleich dieselben ihm wirklich a priori beywohnen) in der Erfahrung bestätigt sehen kan, mithin sie a priori, und unabhängig von der Erfahrung einzusehen, gehört vor den speculativen Verstand, und liegt ganz ausser dem Gesichtskreise des gemeinen Verstandes. Metaphysik hat es ja aber lediglich mit der letzteren Art Erkentniß zu thun, und es ist gewiß ein schlechtes Zeichen eines gesunden Verstandes, sich auf jenen Gewährsmann zu berufen, der hier gar kein Urtheil hat, und den man sonst wohl nur über die Achsel ansieht, ausser, wenn man sich im Gedränge sieht, und sich in seiner Speculation weder zu rathen, noch zu helfen weiß.

Es ist eine gewöhnliche Ausflucht, deren sich diese falsche Freunde des gemeinen Menschenverstandes (die ihn gelegentlich hoch preisen, gemeiniglich aber verachten) zu bedienen pflegen, daß sie sagen: Es müssen doch endlich einige Säße seyn, die unmittelbar gewiß seyn, und von denen man nicht allein keinen Beweis, sondern auch überall keine Rechenschaft zu geben brauche, weil man sonst mit den Gründen seiner Urtheile niemals zu Ende kommen würde; aber zum Beweise dieser Befugniß können sie (ausser dem Saße des Widerspruchs, der aber die Wahrheit synthetischer Urtheile darzuthun nicht hinreichend ist) niemals etwas anderes ungezweifeltes, was sie dem gemeinen Menschenverstande unmittelbar beymessen dürfen, anführen, als mathematische Säße: z. B. daß zweymal zwey vier ausmachen, daß zwischen zwey Puncten nur eine gerade Linie sey, u. a. m. Das sind aber Urtheile, die von denen der Metaphysik himmelweit unterschieden seyn. Denn in der Mathematik kan ich alles das durch mein Denken selbst machen, (construiren) was ich mir durch einen Begrif als möglich vorstelle: ich thue zu einer Zwey die andere Zwey nach und nach hinzu, und mache selbst die Zahl vier, oder ziehe in Gedanken von einem Puncte zum andern allerley Linien, und kan nur eine einzige ziehen, die sich in allen ihren Theilen (gleichen so wohl als ungleichen) ähnlich ist. Aber ich kan aus dem Begriffe eines Dinges, durch meine ganze Denkkraft, nicht den Begrif von Etwas anderem,

des-

deſſen Daſeyn nothwendig mit dem erſteren verknüpft iſt, herausbringen, ſondern muß die Erfahrung zu Rathe ziehen, und, obgleich mir mein Verſtand a priori (doch immer nur in Beziehung auf mögliche Erfahrung) den Begrif von einer ſolchen Verknüpfung (der Cauſſalität) an die Hand giebt, ſo kan ich ihn doch nicht, wie die Begriffe der Mathematik, a priori, in der Anſchauung darſtellen, und alſo ſeine Möglichkeit a priori darlegen, ſondern dieſer Begrif, ſamt denen Grundſätzen ſeiner Anwendung, bedarf immer, wenn er a priori gültig ſeyn ſoll — wie es doch in der Metaphyſik verlangt wird — eine Rechtfertigung und Deduction ſeiner Möglichkeit, weil man ſonſt nicht weiß, wie weit er gültig ſey, und ob er nur in der Erfahrung oder auch auſſer ihr gebraucht werden könne. Alſo kan man ſich in der Metaphyſik, als einer ſpeculativen Wiſſenſchaft der reinen Vernunft, niemals auf den gemeinen Menſchenverſtand berufen; aber wohl, wenn man genöthigt iſt, ſie zu verlaſſen, und auf alles reine ſpeculative Erkentniß, welches jederzeit ein Wiſſen ſeyn muß, mithin auch auf Metaphyſik ſelbſt, und deren Belehrung (bey gewiſſen Angelegenheiten) Verzicht zu thun, und ein vernünftiger Glaube uns allein möglich, zu unſerm Bedürfniß auch hinreichend (vielleicht gar heilſamer, als das Wiſſen ſelbſt) gefunden wird. Denn alsdenn iſt die Geſtalt der Sache ganz verändert. Metaphyſik muß Wiſſenſchaft ſeyn, nicht allein im Ganzen, ſondern auch

auch allen ihren Theilen, sonst ist sie gar nichts; weil sie, als Speculation der reinen Vernunft, sonst nirgends Haltung hat, als an allgemeinen Einsichten. Ausser ihr aber können Wahrscheinlichkeit und gesunder Menschenverstand gar wohl ihren nützlichen und rechtmäßigen Gebrauch haben, aber nach ganz eigenen Grundsätzen, deren Gewicht immer von der Beziehung aufs practische abhängt.

Das ist es, was ich zur Möglichkeit einer Metaphysik als Wissenschaft zu fodern mich berechtigt halte.

Anhang
von dem, was geschehen kan,
um
Metaphysik als Wissenschaft wirklich zu machen.

Da alle Wege, die man bisher eingeschlagen ist, diesen Zweck nicht erreicht haben, auch ausser einer vorhergehenden Critik der reinen Vernunft ein solcher wohl niemals erreicht werden wird, so scheint die Zumuthung nicht unbillig, den Versuch, der hievon jetzt vor Augen gelegt ist, einer genauen und sorgfältigen Prüfung zu unterwerfen, wofern man es nicht für noch rathsamer hält, lieber alle Ansprüche auf Metaphysik gänzlich aufzugezugeben, in welchem Falle, wenn man seinem Vorsatze nur treu bleibt, nichts dawider einzuwenden ist. Wenn man den Lauf der Dinge nimmt, wie er wirklich geht, nicht, wie er gehen sollte, so giebt es zweierley Urtheile, ein Urtheil, das vor der Untersuchung vorhergeht, und dergleichen ist in unserm Falle dasjenige, wo der Leser aus seiner Methaphysik über die Critik der reinen Vernunft (die allererst die Möglichkeit derselben untersuchen soll) ein Urtheil fället, und dann ein anderes Urtheil, welches auf die Untersuchung folgt, wo der Leser die Folgerungen aus den critischen Untersuchungen, die ziemlich stark wider seine sonst angenommene Metaphysik verstoßen dürften, eine Zeitlang bey Seits zu setzen vermag, und allererst die Gründe prüft, woraus jene Folgerungen abgeleitet seyn mögen. Wäre das, was gemeine Metaphysik vorträgt, ausgemacht gewiß (etwa wie Geometrie); so würde die erste Art zu urtheilen gelten; denn wenn die Folgerungen gewisser Grundsätze ausgemachten Wahrheiten widerstreiten, so sind jene Grundsätze falsch, und ohne alle weitere Untersuchung zu verwerfen. Verhält es sich aber nicht so, daß Metaphysik von unstreitig gewissen (synthetischen) Sätzen einen Vorrath habe, und vielleicht gar so, daß ihrer eine Menge, die eben so scheinbar als die besten unter ihnen, gleichwohl in ihren Folgerungen selbst unter sich streitig seyn, überall aber ganz und gar kein sicheres Criterium der Wahrheit eigentlich - metaphysischer (synthetithetischer) Sätze in ihr anzutreffen ist: so kan die vorhergehende Art zu urtheilen nicht Statt haben, sondern die Untersuchung der Grundsätze der Critik muß vor allem Urtheile über ihren Werth oder Unwerth vorhergehen.

Probe
eines Urtheils über die Critik
das
vor der Untersuchung vorhergeht.

Dergleichen Urtheil ist in den Göttingischen gelehrten Anzeigen, der Zugabe dritten Stück, vom 19 Jenner 1782, Seite 40 u. f. anzutreffen.

Wenn ein Verfasser, der mit dem Gegenstande seines Werks wohl bekant ist, der durchgängig eigenes Nachdenken in die Bearbeitung desselben zu legen beflissen gewesen, einem Recensenten in die Hände fällt, der seiner Seits scharfsichtig gnug ist, die Momente auszuspähen, auf die der Werth oder Unwerth der Schrift eigentlich beruht, nicht an Worten hängt, sondern den Sachen nachgeht, und nicht blos die Principien, von denen der Verfasser ausging, sichtet und prüft, so mag dem letzteren zwar die Strenge des Urtheils misfallen, das Publicum ist dagegen gleichgültig, denn es gewinnt dabey; und der Verfasser selbst kan zufrieden seyn, daß er Gelegenheit bekomt, seine von einem Kenner

ner frühzeitig geprüfte Aufsätze zu berichtigen, oder zu erläutern, und auf solche Weise, wenn er im Grunde Recht zu haben glaubt, den Stein des Anstoßes, der seiner Schrift in der Folge nachtheilig werden könte, bey Zeiten wegzuräumen.

Ich befinde mich mit meinem Recensenten in einer ganz andern Lage. Er scheint gar nicht einzusehen, worauf es bey der Untersuchung, womit ich mich (glücklich oder unglücklich) beschäftigte, eigentlich ankam, und, es sey nun Ungedult ein weitläuftig Werk durchzudenken, oder verdrießliche Laune über eine angedrohete Reform einer Wissenschaft, bey der er schon längstens alles ins Reine gebracht zu haben glaubte, oder, welches ich ungern vermuthe, ein wirklich eingeschränkter Begrif, daran Schuld, dadurch er sich über seine Schulmetaphysik niemals hinauszudenken vermag: kurz, er geht mit Ungestüm eine lange Reihe von Sätzen durch, bey denen man, ohne ihre Prämissen zu kennen, gar nichts denken kan, streut hin und wieder seinen Tadel aus, von welchem der Leser eben so wenig den Grund sieht, als er die Sätze versteht, dawider derselbe gerichtet seyn soll, und kan also weder dem Publicum zur Nachricht nützen, noch mir im Urtheile der Kenner das mindeste schaden; daher ich diese Beurtheilung gänzlich übergangen seyn würde, wenn sie mir nicht zu einigen Erläuterungen Anlaß gäbe, die den Leser dieser

Pro-

Prolegomenen in einigen Fällen vor Misdeutung bewahren könten.

Damit Recesent aber doch einen Gesichtspunct fasse, aus dem er am leichtesten auf eine dem Verfasser unvortheilhafte Art das ganze Werk vor Augen stellen könne, ohne sich mit irgend einer besondern Untersuchung bemühen zu dürfen, so fängt er damit an, und endigt auch damit, daß er sagt: „dies Werk ist ein System des trans-„scendenten (oder, wie er es übersetzt, des höheren) *) „Idealismus.„

Beym Anblicke dieser Zeile sahe ich bald, was vor eine Recension da herauskommen würde, ungefähr so, als wenn jemand, der niemals von Geometrie etwas gehört oder gesehen hätte, einen Euclid fände, und er-

sucht

---

*) Bey Leibe nicht der höhere. Hohe Thürme, und die ihnen ähnliche metaphysisch-grosse Männer, um welche beide gemeiniglich viel Wind ist, sind nicht vor mich. Mein Platz ist das fruchtbare Bathos der Erfahrung, und das Wort, transscendental, dessen so vielfältig von mir angezeigte Bedeutung vom Recensenten nicht einmal gefaßt worden, (so flüchtig hat er alles angesehen) bedeutet nicht etwas, das über alle Erfahrung hinausgeht, sondern, was vor ihr (a priori) zwar vorhergeht, aber doch zu nichts mehrerem bestimmt ist, als lediglich Erfahrungserkentniß möglich zu machen. Wenn diese Begriffe die Erfahrung überschreiten, dann heisset ihr Gebrauch transscendent, welcher von dem immanenten, d. i. auf Erfahrung eingeschränkten Gebrauch unterschieden wird. Allen Mißdeutungen dieser Art ist in dem Werke hinreichend vorgebeugt worden: allein der Recensent fand seinen Vortheil bey Mißdeutungen.

sucht würde, sein Urtheil darüber zu fällen, nachdem er beym Durchblättern auf viel Figuren gestoßen, etwa sagte: „das Buch ist eine systematische Anweisung zum „Zeichnen: der Verfasser bedient sich einer besondern „Sprache, um dunkele, unverständliche Vorschriften „zu geben, die am Ende doch nichts mehr ausrichten „können, als was jeder durch ein gutes natürliches „Augenmaß zu Stande bringen kan ꝛc.

Laßt uns indessen doch zusehen, was denn das vor ein Idealism sey, der durch mein ganzes Werk geht, obgleich bey weitem noch nicht die Seele des Systems ausmacht.

Der Satz aller ächten Idealisten, von der eleatischen Schule an, bis zum Bischof Berkley, ist in dieser Formel enthalten: „alle Erkentniß durch Sinne und „Erfahrung ist nichts als lauter Schein, und nur in „den Ideen des reinen Verstandes und Vernunft ist „Wahrheit.„

Der Grundsatz, der meinen Idealism durchgängig regiert und bestimmt, ist dagegen: „Alles Erkentniß von „Dingen, aus blossem reinen Verstande, oder reiner „Vernunft, ist nichts als lauter Schein, und nur in der „Erfahrung ist Wahrheit.„

Das

Das ist ja aber gerade das Gegentheil von jenem eigentlichen Idealism, wie kam ich denn dazu, mich dieses Ausdrucks zu einer ganz entgegengesetzten Absicht zu bedienen, und wie der Recensent, ihn allenthalben zu sehen?

Die Auflösung dieser Schwierigkeit beruht auf etwas, was man sehr leicht aus dem Zusammenhange der Schrift hätte einsehen können, wenn man gewollt hätte. Raum und Zeit, samt allem, was sie in sich enthalten, sind nicht die Dinge, oder deren Eigenschaften an sich selbst, sondern gehören blos zu Erscheinungen derselben; bis dahin bin ich mit jenen Idealisten auf einem Bekentnisse. Allein diese, und unter ihnen vornemlich Berkley, sahen den Raum vor eine bloße empirische Vorstellung an, die eben so, wie die Erscheinungen in ihm, uns nur vermittelst der Erfahrung oder Wahrnehmung, zusamt allen seinen Bestimmungen bekant würde; ich dagegen zeige zuerst: daß der Raum (und eben so die Zeit, auf welche Berkley nicht Acht hatte) samt allen seinen Bestimmungen a priori von uns erkant werden könne, weil er so wohl, als die Zeit uns vor aller Wahrnehmung, oder Erfahrung, als reine Form unserer Sinnlichkeit beywohnt, und alle Anschauung derselben, mithin auch alle Erscheinungen möglich macht. Hieraus folgt: daß, da Wahrheit auf allgemeinen und nothwendigen Gesetzen, als ihren Criterien beruht, die Erfahrung bey Berkley
keine

keine Criterien der Wahrheit haben könne, weil den Erscheinungen derselben (von ihm) nichts a priori zum Grunde gelegt ward, woraus denn folgte, daß sie nichts als lauter Schein sey, dagegen bey uns Raum und Zeit (in Verbindung mit den reinen Verstandesbegriffen) a priori aller möglichen Erfahrung ihr Gesetz vorschreiben, welches zugleich das sichere Criterium abgiebt, in ihr Wahrheit von Schein zu unterscheiden *)

Mein so genanter (eigentlich critischer) Idealism ist also von ganz eigenthümlicher nämlich so, daß er den gewöhnlichen umstürzt, daß durch ihn alle Erkentniß a priori, selbst die der Geometrie, zuerst objective Realität bekömmt, welche ohne diese meine bewiesene Idealität des Raumes und der Zeit selbst von den eifrigsten Realisten gar nicht behauptet werden könte. Bey solcher Bewandniß der Sachen wünschte ich nun allen Misver-

---

*) Der eigentliche Idealismus hat jederzeit eine schwärmerische Absicht, und kan auch keine andre haben, der meinige aber ist lediglich dazu, um die Möglichkeit unserer Erkentniß a priori von Gegenständen der Erfahrung zu begreifen, welches ein Problem ist, das bisher noch nicht aufgelöset, ja nicht einmal aufgeworfen worden. Dadurch fällt nun der ganze schwärmerische Idealism, der immer (wie auch schon aus dem Plato zu ersehen) aus unseren Erkentnissen a priori (selbst derer der Geometrie auf eine andere, (nämlich intellectuelle Anschauung) als die der Sinne schloß, weil man sich gar nicht einfallen ließ, daß Sinne auch a priori anschauen sollten.

verstand zu verhüten, daß ich diesen meinen Begrif anders benennen könte; aber ihn ganz abzuändern will sich nicht wohl thun lassen. Es sey mir also erlaubt, ihn künftig, wie oben schon angeführt worden, den formalen, besser noch den critischen Idealism zu nennen, um ihn vom dogmatischen des Berkley und vom sceptischen des Cartesius zu unterscheiden.

Weiter finde ich in der Beurtheilung dieses Buchs nichts merkwürdiges. Der Verfasser derselben urtheilt durch und durch en gros, eine Manier, die klüglich gewählt ist, weil man dabey sein Wissen oder Nichtwissen nicht verräth: ein einziges ausführliches Urtheil en detail würde, wenn es, wie billig, die Hauptfrage betroffen hätte, vielleicht meinen Irrthum, vielleicht auch das Maaß der Einsicht des Recensenten in dieser Art von Untersuchungen aufgedeckt haben. Es war auch kein übelausgedachter Kunstgrif, um Lesern, welche sich nur aus Zeitungsnachrichten von Büchern einen Begrif zu machen gewohnt sind, die Lust zum Lesen des Buchs selbst frühzeitig zu benehmen, eine Menge von Sätzen, die ausser dem Zusammenhange mit ihren Beweisgründen und Erläuterungen gerissen (vornemlich so antipodisch, wie diese in Ansehung aller Schulmetaphysik sind) nothwendig widersinnisch lauten müssen, in einem Athem hinter einander her zu sagen, die Geduld des Lesers bis zum Ekel zu zu bestürmen, und denn, nachdem man mich mit dem sinnreichen Satze, daß beständiger Schein Wahrheit sey, bekant gemacht hat, mit der derben, doch väterlichen lection zu schliessen: Wozu denn der Streit wider die angenommene Sprache, wozu denn und woher die idealistische Unterscheidung? Ein Urtheil, welches alles Eigenthümliche meines Buchs, da es vorher metaphysisch-ketzerisch seyn sollte, zuletzt in einer blossen Sprachneuerung setzt, und klar beweist, daß mein angemaßter Richter auch nicht das mindeste davon, und obenein sich selbst nicht recht verstanden habe *).

Recensent spricht indessen wie ein Mann, der sich wichtiger und vorzüglicher Einsichten bewust seyn muß, die er aber noch verborgen hält; denn mir ist in Ansehung der Metaphysik neuerlich nichts bekant geworden, was zu einem solchen Tone berechtigen könte. Daran thut er aber sehr unrecht, daß er der Welt seine Entdeckungen vorenthält; denn es geht ohne Zweifel noch mehre-

---

*) Der Recensent schlägt sich mehrentheils mit seinem eigenen Schatten. Wenn ich die Wahrheit der Erfahrung dem Traum entgegensetze, so denkt er gar nicht daran, daß hier nur von dem bekanten somnio objectiue sumto der wolfischen Philosophie die Rede sey; der blos formal ist, und wobey es auf den Unterschied des Schlafens und Wachens gar nicht angesehen ist, und in einer Transscendentalphilosophie auch nicht gesehen werden kan. Uebrigens nennt er meine Deduction der Categorien und die Tafel der Verstandesgrundsätze: „gemein bekante Grundsätze „der Logik und Ontologie auf idealistische Art ausgedrückt.„

mehreren so, wie mir, daß sie, bey allem Schönen, was seit langer Zeit in diesem Fache geschrieben worden, doch nicht finden konten, daß die Wissenschaft dadurch um einen Fingerbreit weiter gebracht worden. Sonst Definitionen anspitzen, lahme Beweise mit neuen Krücken versehen, dem Cento der Metaphysik neue Lappen, oder einen veränderten Zuschnitt geben, das findet man noch wohl, aber das verlangt die Welt nicht. Metaphysischer Behauptungen ist die Welt satt: man will die Möglichkeit dieser Wissenschaft, die Quellen, aus denen Gewißheit in derselben abgeleitet werden könne, und sichere Criterien, den dialectischen Schein der reinen Vernunft von der Wahrheit zu unterscheiden. Hiezu muß der Recensent den Schlüssel besitzen, sonst würde er nimmermehr aus so hohem Tone gesprochen haben.

Aber ich gerathe auf den Verdacht, daß ihm ein solches Bedürfniß der Wissenschaft vielleicht niemals in Gedanken gekommen seyn mag, denn sonst würde er seine Beurtheilung auf diesen Punct gerichtet, und selbst ein fehlgeschlagener Versuch in einer so wichtigen Angelegenheit, Achtung bey ihm erworben haben. Wenn das ist, so sind wir wieder gute Freunde. Er mag sich so tief in seine Metaphysik hinein denken, als ihm gut

---

Der Leser darf nur darüber diese Prolegomenen nachsehen, um sich zu überzeugen, daß ein elenderes und selbst historisch unrichtigeres Urtheil gar nicht könne gefället werden.

gut dünkt, daran soll ihn Niemand hindern, nur über das, was ausser der Metaphysik liegt, die in der Vernunft befindliche Quelle derselben, kan er nicht Urtheilen. Daß mein Verdacht aber nicht ohne Grund sey, beweise ich dadurch, daß er von der Metaphysik der synthetischen Erkentniß a priori, welche die eigentliche Aufgabe war, auf deren Auflösung das Schicksal der Metaphysik gänzlich beruht, und worauf meine Critik (eben so wie hier meine Prolegomena) ganz und gar hinauslief, nicht ein Wort erwähnete. Der Idealism, auf den er stieß, und an welchem er auch hängen blieb, war nur, als das einige Mittel jene Aufgabe aufzulösen, in den Lehrbegrif aufgenommen worden (wiewohl er denn auch noch aus andern Gründen ihre Bestätigung erhielt), und da hätte er zeigen müssen, daß entweder jene Aufgabe die Wichtigkeit nicht habe, die ich ihr (wie auch jetzt in den Prolegomenen) beylege, oder daß sie durch meinen Begrif von Erscheinungen gar nicht, oder auch auf andere Art besser könne aufgelöset werden, davon aber finde ich in der Recension kein Wort. Der Recensent verstand also nichts von meiner Schrift, und vielleicht auch nichts von dem Geist und dem Wesen der Metaphysik selbst, wofern nicht vielmehr, welches ich lieber annehme, Recensenteneilfertigkeit, über die Schwierigkeit, sich durch so viel Hindernisse durchzuarbeiten, entrüstet, einen nachtheiligen Schatten auf das vor ihm liegende Werk warf, und es ihm in seinen Grundzügen unkenntlich machte.

Es fehlt noch sehr viel daran, daß eine gelehrte Zeitung, ihre Mitarbeiter mögen auch mit noch so guter Wahl und Sorgfalt ausgesucht werden, ihr sonst verdientes Ansehen im Felde der Metaphysik eben so wie anderwerts behaupten könne. Andere Wissenschaften und Kentnisse haben doch ihren Maasstab. Mathematik hat ihren in sich selbst, Geschichte und Theologie in weltlichen oder heiligen Büchern, Naturwissenschaft und Arzneykunst in Mathematik und Erfahrung, Rechtsgelehrsamkeit in Gesetzbüchern, und so gar Sachen des Geschmacks in Mustern der Alten. Allein zur Beurtheilung des Dinges, das Metaphysik heißt, soll erst der Maasstab gefunden werden (ich habe einen Versuch gemacht, ihn so wohl als seinen Gebrauch zu bestimmen). Was ist nun, so lange, bis dieser ausgemittelt wird, zu thun, wenn doch über Schriften dieser Art geurtheilt werden muß? Sind sie von dogmatischer Art, so mag man es halten wie man will: lange wird keiner hierin über den andern den Meister spielen, ohne daß sich einer findet, der es ihm wieder vergilt. Sind sie aber von critischer Art, und zwar nicht in Absicht auf andere Schriften, sondern auf die Vernunft selbst, so daß der Maasstab der Beurtheilung nicht schon angenommen werden kan, sondern allererst gesucht wird; so mag Einwendung und Tadel unverbeten seyn, aber Verträglichkeit muß dabey doch zum Grunde liegen, weil das Bedürfniß gemeinschaftlich ist, und der Mangel benöthigter Einsicht

ſicht ein richterlich-entſcheidendes Anſehen unſtatthaft macht.

Um aber dieſe meine Vertheidigung zugleich an das Intereſſe des philoſophirenden gemeinen Weſens zu knüpfen, ſchlage ich einen Verſuch vor, der über die Art, wie alle metaphyſiſche Unterſuchungen auf ihren gemeinſchaftlichen Zweck gerichtet werden müſſen, entſcheidend iſt. Dieſer iſt nichts anders, als was ſonſt wohl Mathematiker gethan haben, um in einem Wettſtreit den Vorzug ihrer Methoden auszumachen, nämlich, eine Ausſoderung an meinen Recenſenten, nach ſeiner Art irgend einen einzigen von ihm behaupteten wahrhaftig metaphyſiſchen, d. i. ſynthetiſchen und a priori aus Begriffen erkanten, allenfalls auch einen der unentbehrlichſten, als z. B. den Grundſatz der Beharrlichkeit der Subſtanz, oder der nothwendigen Beſtimmung der Weltbegebenheiten durch ihre Urſache, aber, wie es ſich gebührt, durch Gründe a priori zu erweiſen. Kan er dies nicht, (Stillſchweigen aber iſt Bekentniß) ſo muß er einräumen: daß, da Metaphyſik ohne apodictiſche Gewißheit der Sätze dieſer Art ganz und gar nichts iſt, die Möglichkeit oder Unmöglichkeit derſelben vor allen Dingen zuerſt in einer Critik der reinen Vernunft ausgemacht werden müſſe, mithin iſt er verbunden, entweder zu geſtehen, daß meine Grundſätze der Critik richtig ſind, oder ihre Ungültigkeit zu beweiſen. Da ich aber ſchon

zum voraus sehe, daß, so unbesorgt er sich auch bisher auf die Gewißheit seiner Grundsätze verlassen hat, dennoch, da es auf eine strenge Probe ankomt, er in dem ganzen Umfange der Metaphysik auch nicht einen einzigen auffinden werde, mit dem er dreust auftreten könne, so will ich ihm die vortheilhafteste Bedingung bewilligen, die man nur in einem Wettstreite erwarten kan, nämlich ihm das onus probandi abnehmen, und es mir auflegen lassen.

Er findet nämlich in diesen Prolégomenen, und in meiner Critik S. 426 — 461. acht Säße, deren zwey und zwey immer einander widerstreiten, jeder aber nothwendig zur Metaphysik gehört, die ihn entweder annehmen oder widerlegen muß, (wiewohl kein einziger derselben ist, der nicht zu seiner Zeit von irgend einem Philosophen wäre angenommen worden). Nun hat er die Freyheit, sich einen von diesen acht Säßen nach Wohlgefallen auszusuchen, und ihn ohne Beweis, den ich ihm schenke, anzunehmen; aber nur einen, (denn ihm wird Zeitverspillerung eben so wenig dienlich seyn wie mir) und alsdenn meinen Beweis des Gegensaßes anzugreifen. Kan ich nun diesen gleichwohl retten, und auf solche Art zeigen, daß nach Grundsäßen, die jede dogmatische Metaphysik nothwendig anerkennen muß, das Gegentheil des von ihm adoptirten Saßes gerade eben so klar bewiesen werden könne, so ist dadurch ausgemacht,

daß

daß in der Metaphyſik ein Erbfehler liege, der nicht erklärt, vielweniger gehoben werden kan, als wenn man bis zu ihrem Geburtsort, der reinen Vernunft ſelbſt, hinaufſteigt, und, ſo muß meine Critik entweder angenommen, oder an ihrer Statt eine beſſere geſetzt, ſie alſo wenigſtens ſtudirt werden; welches das einzige iſt, das ich jetzt nur verlange. Kan ich dagegen meinen Beweis nicht retten, ſo ſteht ein ſynthetiſcher Satz a priori aus dogmatiſchen Grundſätzen auf der Seite meines Gegners feſt, meine Beſchuldigung der gemeinen Metaphyſik war darum ungerecht, und ich erbiete mich, ſeinen Tadel meiner Critik (obgleich das lange noch nicht die Folge ſeyn dürfte), vor rechtmäßig zu erkennen. Hiezu aber würde es, dünkt mich, nöthig ſeyn, aus dem Incognito zu treten, weil ich nicht abſehe, wie es ſonſt zu verhüten wäre, daß ich nicht, ſtatt einer Aufgabe von ungenanten und doch unberufenen Gegnern, mit mehreren beehrt oder beſtürmt würde.

Vorschlag
zu einer Untersuchung der Critik,
auf welche
das Urtheil folgen kan.

Ich bin dem gelehrten Publicum auch vor das Stillschweigen verbunden, womit es eine geraume Zeit hindurch meine Critik beehrt hat; denn dieses beweiset doch einen Aufschub des Urtheils, und also einige Vermuthung, daß in einem Werke, was alle gewohnte Wege verläßt, und einen neuen einschlägt, in den man sich nicht so fort finden kan, doch vielleicht etwas liegen möge, wodurch ein wichtiger, aber jetzt abgestorbener Zweig menschlicher Erkentnisse neues Leben und Fruchtbarkeit bekommen könne, mithin eine Behutsamkeit, durch kein übereiltes Urtheil den noch zarten Propfreis abzubrechen und zu zerstören. Eine Probe eines aus solchen Gründen verspäteten Urtheils komt mir nur eben jetzt in der Gothaischen gelehrten Zeitung vor Augen, dessen Gründlichkeit (ohne mein hieben verdächtiges Lob in Betracht zu ziehen) aus der faßlichen und unverfälschten Vorstellung eines zu den ersten Principien meines Werks gehörigen Stücks jeder Leser von selbst wahrnehmen wird.

Und nun schlage ich vor, da ein weitläuftig Gebäude unmöglich durch einen flüchtigen Ueberschlag so fort

im

im Ganzen beurtheilt werden kan, es von seiner Grundlage an, Stück vor Stück zu prüfen, und hiebey gegenwärtige Prolegomena als einen allgemeinen Abriß zu brauchen, mit welchem denn gelegentlich das Werk selbst verglichen werden könnte. Dieses Ansinnen, wenn es nichts weiter, als meine Einbildung von Wichtigkeit, die die Eitelkeit gewöhnlicher massen allen eigenen Producten leihet, zum Grunde hätte, wäre unbescheiden, und verdiente mit Unwillen abgewiesen zu werden. Nun aber stehen die Sachen der ganzen speculativen Philosophie so, daß sie auf dem Puncte sind, völlig zu erlöschen, obgleich die menschliche Vernunft an ihnen mit nie erlöschender Neigung hängt, die nur darum weil sie unaufhörlich getäuscht wird, es jetzt, obgleich vergeblich, versucht, sich in Gleichgültigkeit zu verwandeln.

In unserm denkenden Zeitalter läßt sich nicht vermuthen, daß nicht viele verdiente Männer jede gute Veranlassung benutzen sollten, zu dem gemeinschaftlichen Interesse der sich immer mehr auffklärenden Vernunft mit zu arbeiten, wenn sich nur einige Hoffnung zeigt, dadurch zum Zweck zu gelangen. Mathematik, Naturwissenschaft, Gesetze, Künste, selbst Moral ꝛc. füllen die Seele noch nicht gänzlich aus; es bleibt immer noch ein Raum in ihr übrig, der vor die bloße reine und speculative Vernunft abgestochen ist, und dessen Leere uns zwingt, in Fratzen oder Tändelwerk,

O 5 oder

oder auch Schwärmerey, dem Scheine nach, Beschäftigung und Unterhaltung, im Grunde aber nur Zerstreuung zu suchen, und den beschwerlichen Ruf der Vernunft zu übertäuben, die ihrer Bestimmung gemäß etwas verlangt, was sie vor sich selbst befriedige, und nicht blos zum Behuf anderer Absichten, oder zum Interesse der Neigungen in Geschäftigkeit versetze. Daher hat eine Betrachtung, die sich blos mit diesem Umfange der vor sich selbst bestehenden Vernunft beschäftigt, darum, weil eben in demselben alle andere Kentnisse, so gar Zwecke zusammenstossen, und in ein Ganzes vereinigen müssen, wie ich mit Grunde vermuthe, vor jedermann, der es nur versucht hat, seine Begriffe so zu erweitern, einen grossen Reitz, und ich darf wohl sagen, einen grösseren, als jedes andere theoretische Wissen, welches man gegen jenes nicht leichtlich eintauschen würde.

Ich schlage aber darum diese Prolegomena zum Plane und Leitfaden der Untersuchung vor, und nicht des Werks selbst, weil ich mit diesem zwar, was den Inhalt, die Ordnung und Lehrart und die Sorgfalt betrift, die auf jeden Satz gewandt worden, um ihn genau zu wägen und zu prüfen, ehe ich ihn hinstellete, auch noch jetzt ganz wohl zufrieden bin, (denn es haben Jahre dazu gehört, mich nicht allein von dem Ganzen, sondern bisweilen auch nur von einem einzigen Satze in Ansehung seiner Quellen völlig zu befrie-

friebigen,) aber mit meinem Vortrage in einigen Abschnitten der Elementarlehre, z. B. der Deduction der Verstandesbegriffe, oder dem von den Paralogismen d. r. V., nicht völlig zufrieden bin, weil eine gewisse Weitläuftigkeit in denselben die Deutlichkeit hindert, an deren statt man das, was hier die Prolegomenen in Ansehung dieser Abschnitte sagen, zum Grunde der Prüfung legen kan.

Man rühmt von den Deutschen, daß, wozu Beharrlichkeit und anhaltender Fleiß erforderlich sind, sie es darin weiter als andere Völker bringen können. Wenn diese Meinung gegründet ist, so zeigt sich hier nun eine Gelegenheit, ein Geschäfte, an dessen glücklichem Ausgange kaum zu zweifeln ist, und woran alle denkende Menschen gleichen Antheil nehmen, welches doch bisher nicht gelungen war, zur Vollendung zu bringen, und jene vortheilhafte Meinung zu bestättigen; vornemlich, da die Wissenschaft, welche es betrift, von so besonderer Art ist, daß sie auf einmal zu ihrer ganzen Vollständigkeit und in denjenigen beharrlichen Zustand gebracht werden kan, da sie nicht im mindesten weiter gebracht, und durch spätere Entdeckung weder vermehrt, noch auch nur verändert werden kan, (den Ausputz durch hin und wieder vergrößerte Deutlichkeit oder angehängten Nutzen in allerley Absicht rechne ich hieher nicht.) ein Vortheil, den keine andere Wissenschaft hat, noch haben kan, weil keine ein so völlig

isolir-

isolirtes, von andern unabhängiges und mit ihnen unvermengtes Erkentnisvermögen betrift. Auch scheint dieser meiner Zumuthung der jetzige Zeitpunct nicht ungünstig zu seyn, da man jetzt in Deutschland fast nicht weiß, womit man sich, ausser den sogenanten nützlichen Wissenschaften noch sonst beschäftigen könne, so daß es doch nicht blosses Spiel, sondern zugleich Geschäfte sey, wodurch ein bleibender Zweck erreicht wird.

Wie die Bemühungen der Gelehrten zu einem solchen Zweck vereinigt werden könten, dazu die Mittel zu ersinnen, muß ich andern überlassen. Indessen ist meine Meinung nicht, irgend jemanden eine blosse Befolgung meiner Sätze zuzumuthen, oder mir auch nur mit der Hoffnung derselben zu schmeicheln, sondern, es mögen sich, wie es zutrift, Angriffe, Wiederholungen, Einschränkungen, oder auch Bestätigung, Ergänzung und Erweiterung, dabey zu tragen, wenn die Sache nur von Grund aus untersucht wird, so kan es jetzt nicht mehr fehlen, daß nicht ein Lehrgebäude, wenn gleich nicht das meinige, dadurch zu Stande komme, was ein Vermächtniß vor die Nachkommenschaft werden kan, davor sie Ursache haben wird, dankbar zu seyn.

Was, wenn man nur allererst mit den Grundsätzen der Critik in Richtigkeit ist, vor eine Metaphysik, ihr zu Folge, könne erwartet werden und wie diese keinesweges dadurch, daß man ihr die falschen Federn

dern abgezogen, armselig und zu einer nur kleinen Figur herabgesetzt erscheinen dürfe, sondern in anderer Absicht reichlich und anständig ausgestattet erscheinen könne; würde hier zu zeigen zu weitläufig seyn; allein andere große Nutzen, die eine solche Reform nach sich ziehen würde, fallen so fort in die Augen. Die gemeine Metaphysik schaffte dadurch doch schon Nutzen, daß sie die Elementarbegriffe des reinen Verstandes aufsuchte, um sie durch Zergliederung deutlich und durch Erklärungen bestimmt zu machen. Dadurch ward sie eine Cultur vor die Vernunft, wohin diese sich auch nachher zu wenden gut finden möchte; Allein das war auch alles Gute, was sie that. Denn dieses ihr Verdienst vernichtete sie dadurch wieder, daß sie durch waghälsige Behauptungen den Eigendünkel, durch subtile Ausflüchte und Beschönigung die Sophisterey, und durch die Leichtigkeit, über die schwersten Aufgaben mit ein wenig Schulweisheit wegzukommen, die Seichtigkeit begünstigte, welche desto verführerischer ist, je mehr sie einerseits etwas von der Sprache der Wissenschaft, andererseits von der Popularität anzunehmen die Wahl hat und dadurch allen Alles, in der That aber überall nichts ist. Durch Critik dagegen wird unserem Urtheil der Maasstab zugetheilt, wodurch Wissen von Scheinwissen mit Sicherheit unterschieden werden kan, und diese gründet dadurch, daß sie in der Metaphysik in ihre volle Ausübung gebracht wird, eine Denkungsart, die ihren wohlthätigen Einfluß nachher auf jeden andern Vernunftgebrauch erstreckt und zuerst

den

den wahren philosophischen Geist einflößt. Aber auch der Dienst, den sie der Theologie leistet, indem sie solche von dem Urtheil der dogmatischen Speculation unabhängig macht und sie eben dadurch wider alle Angriffe solcher Gegner völlig in Sicherheit stellt, ist gewiß nicht gering zu schätzen. Denn gemeine Metaphysik, ob sie gleich jener viel Vorschub verhieß, konte doch dieses Versprechen nachher nicht erfüllen, und hatte noch überdem dadurch, daß sie speculative Dogmatik zu ihrem Beystand aufgeboten, nichts anders gethan, als Feinde wider sich selbst zu bewaffnen. Schwärmerey, die in einem aufgeklärten Zeitalter nicht aufkommen kan, als nur wenn sie sich hinter einer Schulmetaphysik verbirgt, unter deren Schutz sie es wagen darf, gleichsam mit Vernunft zu rasen, wird durch critische Philosophie aus diesem ihrem letzten Schlupfwinkel vertrieben, und über das Alles kan es doch einem Lehrer der Metaphysik nicht anders als wichtig seyn, einmal mit allgemeiner Beystimmung sagen zu können, daß, was er vorträgt, nun endlich auch Wissenschaft sey, und dadurch dem gemeinen Wesen würklicher Nutzen geleistet werde.

www.ingramcontent.com/pod-product-compliance
Lightning Source LLC
Chambersburg PA
CBHW031816230426
43669CB00009B/1163